高职高专"十三五"规划教材·电子类

电子线路 CAD 设计
项目化教程

主　编　冯伟　张萍

副主编　朱琛

西安电子科技大学出版社

内 容 简 介

　　本书详细地介绍了 Protel 99SE 和 Altium Designer 软件的基本操作和使用方法,从实际应用角度出发,阐述了利用 Protel 99SE 和 Altium Designer 软件完成电路原理图到 PCB 设计全过程,同时对 PCB 设计中的基本原则和设计技巧进行了重点介绍。书中总计七个项目,每一个项目都是一个完整的设计案例,让读者在学习的过程中不仅能够熟练掌握软件的操作技巧,同时能够掌握实际应用中 PCB 设计的基本方法。

　　本书的编写基于作者多年的教学经验,内容安排图文并茂,实用性强,适合于"教-学-做"一体化的教学过程,也适合读者自学。本书可作为高职高专院校相关专业学生的教材,也可供从事电路 CAD 设计的工程人员参考。

图书在版编目(CIP)数据

电子线路 CAD 设计项目化教程/冯伟,张萍主编. —西安:西安电子科技大学出版社,2017.2
ISBN 978-7-5606-4432-5

Ⅰ. ① 电… Ⅱ. ① 冯… ② 张… Ⅲ. ① 电子电路—计算机辅助设计—高等学校—教材
Ⅳ. ① TM702

中国版本图书馆 CIP 数据核字(2017)第 016281 号

策　　划　马乐惠　马　琼
责任编辑　马　琼　马乐惠
出版发行　西安电子科技大学出版社(西安市太白南路 2 号)
电　　话　(029)88242885　88201467　　　邮　　编　710071
网　　址　www.xduph.com　　　　　　　电子邮箱　xdupfxb001@163.com
经　　销　新华书店
印刷单位　陕西华沐印刷科技有限责任公司
版　　次　2017 年 2 月第 1 版　　2017 年 2 月第 1 次印刷
开　　本　787 毫米×1092 毫米　1/16　印　张　12.5
字　　数　292 千字
印　　数　1～2000 册
定　　价　26.00 元

ISBN 978-7-5606-4432-5/TM

XDUP 4724001-1

如有印装问题可调换

本社图书封面为激光防伪覆膜,谨防盗版。

前　言

EDA(Electronic Design Automation)即电子设计自动化技术,是指利用计算机(工作平台)进行电子产品的自动设计。当前对于电子产品而言,计算机中可用的相关设计软件很多,外形、模型、电路原理图、仿真、PCB 设计等都有所涉及。本书主要讲解电子产品设计中的原理图绘制和 PCB 设计的过程,以及相关软件。本书所涉及到的软件主要为 Protel 99SE 和 Altium Designer。

很多人问过我:为什么选择讲 Protel 99SE?用哪个软件设计 PCB 比较好?为什么不用最新版本?为什么不用企业级的?我这样认为:对于 PCB 设计而言,软件只是一个工具,我们所要做的是很好地利用这个工具进行电子产品设计。不同的软件有不同的功能,有些软件可能在某些方面操作起来比较方便,有其明显的优势,但是对于电子产品设计而言,最终我们是要通过软件设计出合格的产品,而不是仅仅学习这个软件的功能,电子产品设计中更重要的是掌握不同类型电路的设计方法和设计原则。Protel 99SE 软件使用比较便捷,安装简单,操作方便,而且初学者很容易上手,在一般四层以下的电路板 PCB 设计中,它还是比较实用的。近几年,Altium 软件更新比较快,而且功能比 Protel 99SE 软件更强大。学会了 Protel 99SE 软件的操作方法后,再学习 Altium 要容易很多,所以本书在讲解完 Protel 99SE 软件后,也对 Altium 软件进行了简单介绍。

本书主要讲解了利用 Protel 99SE 软件进行电路原理图设计和 PCB 设计,并按照项目进行内容设置,每一个项目都是一个完整的设计案例,从简单到复杂。这样做的目的是让读者能够更好地熟悉软件的使用方法,同时,对不同电路的 PCB 设计有更加深入、直观的了解。

需要说明:书中所有的电路图均取自 Protel 99SE 或 Altium Designer 软件,为便于对照学习,因此未对有些符号及标注进行规范,请读者阅读时注意区分。同时,本书配套提供了 37 个微课视频,对重要知识点进行讲解,部分视频时长超过 10 分钟,建议读者在 WiFi 环境下观看。

本书由陕西邮电职业技术学院冯伟编写项目一~项目三和项目七,陕西邮电职业技术学院张萍编写项目四~项目六。冯伟和武昌职业学院朱琛负责全书的统稿与审校工作。

鉴于编者水平有限,书中难免有疏漏和不妥之处,恳请读者批评指正。

编　者
2016 年 10 月

目　　录

概　　述

0.1　PCB 基础知识

0.1.1　印制电路板的概念

　　PCB(Printed Circuit Board)即印制电路板。通常把在绝缘基材上按预定设计制成的印制线路、印制元件或两者组合而成的导电图形称为印制电路；而把在绝缘基材上提供元件之间电气连接的导电图形称为印制线路。因为在印制电路板中，不管是导电线路还是元件标识，都是通过印刷工艺制作而成的。图 0-1 和图 0-2 给出了两个成品的印制电路板。

PCB 基础知识

图 0-1　51 单片机电路板

图 0-2　LM1875 功放电路板

印制电路板在电子设备中有以下功能：

(1) 提供各种电子元器件的固定、装配的机械支持。

(2) 实现集成电路等各种电子元器件之间的布线和电气连接或电绝缘。

(3) 为焊接提供元件插装、检查、维修的识别字符和图形。

0.1.2　印制电路板的组成

印制电路板(PCB)由覆铜板腐蚀加工而成，在腐蚀后的覆铜板表面刷上油墨以保护导线，提供字符标识等。

覆铜板由三部分组成：基板、铜箔和黏合剂。

(1) 基板：由绝缘隔热并不易弯曲的材料制作而成。材料多种多样，常用的有纸介质、玻璃纤维、聚四氟乙烯、高分子聚合物等。不同的材料成本不同，性能参数也不同，基板应根据电路的特性进行选取。

(2) 铜箔：将黏合剂平铺在基板表面或者内层，用作电气导线，电路板上的导线就是铜箔腐蚀而成的。

(3) 黏合剂：用来粘连铜箔和基板，要具有耐高温、耐腐蚀等特性。

0.2　电子产品设计的一般流程

一般的电子产品在设计过程中，首先要根据功能需求来选择元器件，设计功能电路，然后进行电路仿真，并进行功能测试和指标分析，最后在测试电路满足功能要求的基础上，完善产品外观和最终电路设计。基本流程如下：

1. 功能分析

确定当前电子产品的功能，具体到电路需要什么样的器件，基本的电路模块及性能指标。

2. 电路仿真

对于确定好功能的电子产品，首先要进行电路设计。在具体的操作之前，应该利用电路仿真软件测试一下电路能否完成所需要的功能。当然，并不是所有的电路都能够进行仿真，也不是所有的电路仿真软件都能够应对所有问题，但是如果电路比较简单，能够仿真，就会大大缩短设计流程，同时能够在设计早期就发现电路所存在的问题。图 0-3 给出了六路抢答器在 Protel 99SE 软件下的仿真电路图。

3. 电路原理图设计

电路原理图设计即根据仿真电路图设计完整的电路原理图，并选择合适的器件,确定器件的类型及尺寸参数。图 0-4 给出了利用 Protel 99SE 软件绘制出的完整的六路抢答器电路原理图。

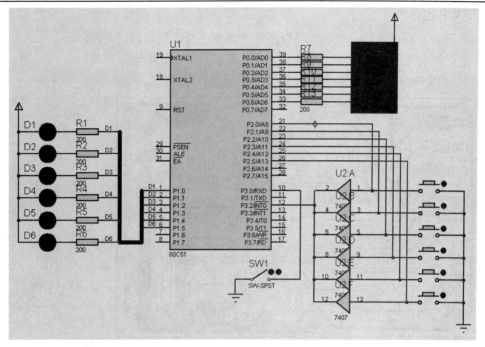

图 0-3　六路抢答器仿真电路图

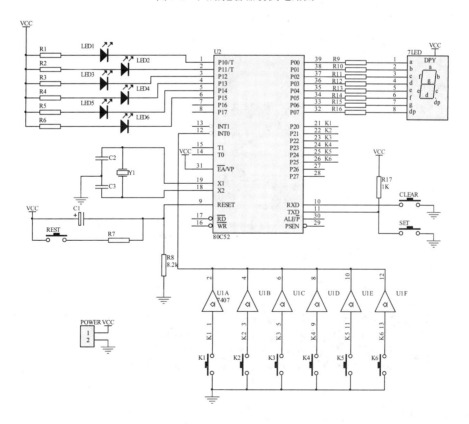

图 0-4　六路抢答器电路原理图

4. PCB 设计

　　PCB 设计即根据电路原理图选择合适的元器件进行电路板设计，完成电子整机印制电路板的绘制。图 0-5 给出了根据六路抢答器电路原理图所绘制的 PCB 板。

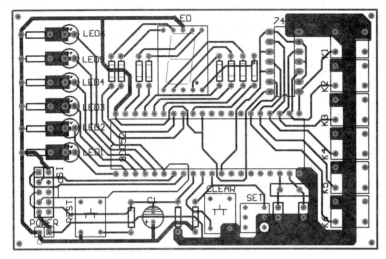

图 0-5　六路抢答器的 PCB 板

　　在电路板中，应该根据当前电子产品的功能具体排列电子元器件，使连线更加简单，操作更加方便。在电路板中，元件的位置应该有清晰的标注，方便进行安装和测试。

5. 焊接及调试

　　焊接及调试即选择器件进行焊接，然后调试电路，测试其所应该具备的功能能否实现，电路有没有问题，如有问题须对之前的设计进行改进。图 0-6 为六路抢答器焊接实物图。

图 0-6　焊接完成的六路抢答器电路板

　　从上面的过程中我们可以总结出，完成一个电子产品的一般设计过程如图 0-7 所示。

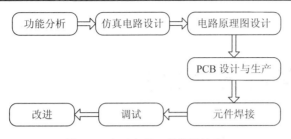

图 0-7　电子产品一般设计流程

在本门课程中，我们主要讨论电子产品设计中的电路原理图设计和PCB 设计过程。

0.3　元 件 类 型

常用元器件的安装方式有两种：通孔安装(THT)和表面安装(SMT)。

(1) 通孔安装(THT)：元器件的外部有引脚引出，在焊接时，需将元器件的引脚穿过电路板的焊盘孔位，在另一面进行焊接。

(2) 表面安装(SMT)：指元器件的引脚无明显金属引线引出，元件的引脚一般很短或者在元件本身的端部位置，须贴在电路板的表面进行焊接。

元件类型简介

THT 工艺元件和 SMT 工艺元件如图 0-8 所示。

(a) 电路板上的 THT 工艺元件　　　　(b) 电路板上的 SMT 工艺元件

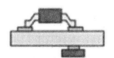

(c) THT 工艺　　　　　　　　　　　(d) SMT 工艺

图 0-8　通孔安装和表面安装

相对来讲，THT 工艺元器件组装焊接方便，但元件体积较大；SMT 工艺元器件虽体积较小，但手工焊接时难度较大，且不易组装。随着工艺及工业自动化技术的提高，现在大多数电子产品为了减小整机体积，选择使用 SMT 技术，这样可以提高生产效率。

项目一　单管放大电路设计

1.1　项　目　概　述

　　单管放大电路是模拟电子技术中最基本的共射极放大电路，比较简单，故以此电路作为课程引入。单管放大电路的电路原理图如图 1-1 所示。

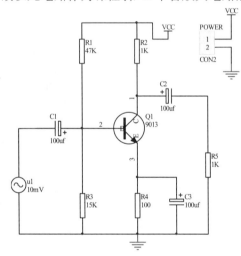

(a)　单管放大电路的电路原理图　　　　(b)　9013 三极管实物图

图 1-1　单管放大电路

　　图 1-1 所示电路是以小功率 NPN 三极管 9013 为核心设计的分压偏置式共射极放大电路，可以实现交流小信号的放大。

　　本项目主要介绍以下内容：

　　(1)　Protel 99SE 软件的基本操作方法。

　　(2)　在 Protel 99SE 中绘制电路原理图的基本方法。

　　(3)　默认封装库中常用的元件封装类型。

　　(4)　利用 Protel 99SE 软件进行 PCB 设计的基础知识。

1.2　设计数据库及文件创建基本操作

　　Protel 99SE(以下简称 99SE)以设计数据库的形式来保存文件，在设计时，首先应建立设计数据库(.ddb 文件)。打开 99SE 软件，界面如图 1-2 所示。从图中可以看出，99SE 的初始界面比较简单，因为我们没有创建任何

设计数据库创建

文件。初始界面只有四个部分：菜单栏、工具栏、管理窗口和工作窗口。

图 1-2　Protel 99SE 软件启动界面

在图 1-2 所示的界面中，执行"File(文件)→New(新建)"菜单命令，系统弹出"New Design Database(新设计数据库)"对话框，如图 1-3 所示。

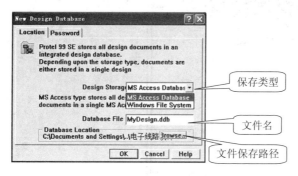

图 1-3　New Design Database 对话框

在图 1-3 所示的对话框下，需要设置三个内容：

(1) 文件的保存类型：在 99SE 中，设计数据库的保存方式有两种，一种是 MS Access Database(微软 Access 数据库)类型，该类型的文件以 图标的形式保存；另一种是 Windows File System(Windows 文件系统)类型，该类型的文件以文件夹的形式保存。系统一般默认使用 MS Access Database 类型。

(2) 在"Database File Name(数据库文件名称)"中设置文件名。文件名自己定义，可以是中文，也可以是英文，但后缀必须是.ddb，表示该文件是一个设计数据库文件。

(3) 修改保存路径。可以根据自己的需求设置文件的保存路径。

注意：Protel 99SE 软件在使用过程中，先要设置文件名和保存路径，然后才能开始新的设计，所以在使用时，一定要记住修改文件名和保存路径，以方便查找文件。

在"New Design Database(新设计数据库)"对话框中，将该项目进行如图 1-4 所示的设置，保存路径根据自己的情况适当修改。

图 1-4 设置 New Design Database 对话框

设置完成后，单击 OK，出现图 1-5 所示的界面。从图中可以看出，菜单栏、工具栏、管理窗口、工作窗口等部分的内容都变多了，且在管理窗口中出现了单管放大电路的具体文件。在此界面下，我们就可以创建新文件。

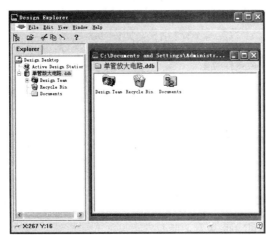

图 1-5 基本界面

图 1-5 所示界面的工作窗口中有三个图标，其功能如表 1-1 所示。

表 1-1 工作窗口图标及功能

图　标	名　称	功　能
Design Team	设计组图标	设置设计组员的基本权限
Recycle Bin	回收站图标	存放没有彻底删除的文件
Documents	文件夹图标	存放设计文件

一般，我们在 99SE 软件中新创建的文件都保存在文件夹中，方便查找。文件夹的名称可以修改。双击打开文件夹图标，在其中创建文件，这可以有两种基本方法：

　　(1) 执行"File(文件)→New(新建)"菜单命令。

　　(2) 在工作窗口中单击鼠标右键，在下拉菜单中选择"New(新建)"。

　　执行以上任一种方法，系统都会自动弹出"New Document(新文件)"对话框，如图 1-6 所示。

图 1-6　"New Document"对话框

　　图 1-6 所示的对话框中有两个选项卡，Documents(文件选项卡)和Wizards(文件创建向导选项卡)。99SE 中所能创建的文件类型在Documents 选项卡中都有，这里对基本的文件类型做简单介绍，如表 1-2所示。

表 1-2　Protel 99SE 中的文件类型

文件图标	文 件 名 称	功 能
	CAM output Configuration	CAM 制造输出配置文件
	Document Folder	文件夹
	PCB Document	PCB 文件
	PCB Library Document	PCB 封装库文件
	PCB Printer	PCB 打印文件
	Schematic Document	原理图文件
	Schematic Library Document	原理图元件库文件
	Spread Sheet Document	表格文件
	Text Document	文本文件
	Waveform Document	波形文件

我们的任务是绘制电路原理图，所以需要在这个对话框中选择原理图文件，创建文件后可以对文件的名称进行修改。但是注意，原理图文件的后缀名为.sch，这个是不能改的。已创建的文件如图 1-7 所示。

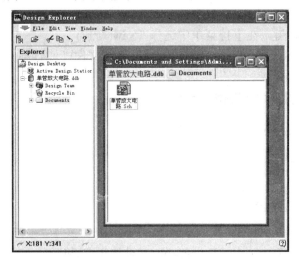

图 1-7　创建单管放大原理图文件

以上就是在 99SE 中创建文件的基本方法，单管放大电路的原理图可以在我们创建完成的"单管放大电路.sch"文件中绘制。

1.3　原理图编译器界面简介

创建好一个原理图文件后，我们该怎么绘制电路原理图呢？打开刚才创建好的"单管放大电路.sch"文件，即可进入原理图编辑器，其界面如图 1-8 所示。

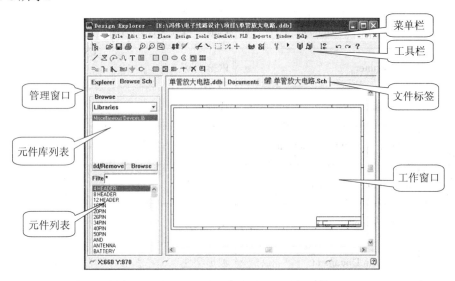

图 1-8　原理图编译器界面

从图 1-8 中可以看到，原理图编辑界面的菜单栏、工具栏等中的内容要比之前文件创建界面的丰富很多，下面一一介绍。

1.3.1　菜单栏

99SE 原理图编译器的菜单栏是主要的设置操作区域，基本菜单栏如图 1-8 所示。在菜单栏中，我们可以进行原理图设计的基本操作，而且每一个菜单都有其相关的功能，这里简单介绍以下各菜单的功能。

(1) File：文件菜单，可以实现新建文件、新建设计数据库、文件打开、工程打开、保存、打印、退出等基本功能。

(2) Edit：编辑菜单，可以实现撤销、重置、剪切、复制、粘贴、查找、选择、移动等基本操作。

(3) View：视图菜单，可以实现区域显示、比例显示、放大、缩小、界面显示、可视栅格设置、最小移动间距设置等功能。

(4) Place：放置菜单，可以实现导线、节点、总线、网络标记、标注、文本框的放置功能。

(5) Design：设计菜单，可以完成如更新 PCB、创建网络表、浏览元件库、添加/移除元件库等功能。

(6) Tools：工具菜单，可以实现 ERC 校验、查找元器件、查找 PCB 元器件、属性设置等功能。

(7) Simulate：仿真菜单，用于电路仿真时的参数设置。

(8) PLD：可编程逻辑器件菜单，如果电路中添加了 PLD 元件，用此菜单可以实现 PLD 的功能。

(9) Reports：报表菜单，完成原理图各种报表的操作，如元件清单、网络比较报表、项目层次表等。

(10) Window：窗口菜单，完成窗口的排列布局。

(11) Help：帮助菜单，提供软件的帮助信息。

注：99SE 的菜单支持快捷操作，菜单命令中带有下划线的字母即为该命令对应的快捷键。如要执行"File->New"操作，可以直接先按键盘 F 键，再按 N 即可。需要注意的是，在使用快捷操作执行菜单命令时，输入法必须是英文输入法。

1.3.2　工具栏

99SE 原理图编译器工具栏界面如图 1-8 中的工具栏所示。

工具栏实际上是一些快捷菜单命令，通过工具栏可以简化我们的操作流程，每一个工具栏图标都有具体的功能。在打开原理图文件进入原理图编译器界面时，软件自带有三个基本工具栏，分别是主工具栏、绘图工具栏和布线工具栏。实际上，在原理图绘制界面可以调用 7 个工具栏，可以通过"View(视图)→Toolbars(工具条)→Customize(用户自定义)"命令进行工具栏设置，如图 1-9 所示。

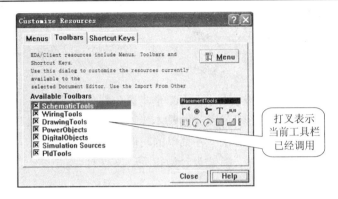

图 1-9　工具栏设置选项卡

在图 1-9 中，选中工具栏名称之前的复选框，该工具栏会在 99SE 软件中显示。原理图编译器中可以调用的工具栏有 7 个，如图 1-10 所示。

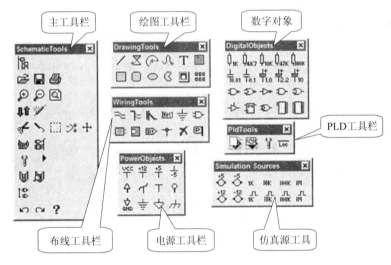

图 1-10　原理图编译器工具栏

一般在原理图设计中用的最多的是主工具栏、绘图工具栏、布线工具栏和电源工具栏。我们可以通过鼠标左键对工具栏进行移动，放置在菜单栏之下。各工具栏的功能如下：

(1) 主工具栏：文件的打开、保存、打印，图纸放大、缩小，局部视图剪切、粘贴、选中、撤销选择等功能。

(2) 绘图工具栏：绘制直线、多边形、圆、贝塞尔曲线、文本框等。

(3) 布线工具栏：放置导线、总线、网络标记、元件、节点、端口等。

(4) 电源工具栏：放置电源对象、接地符号等。

(5) 数字对象工具栏：放置电阻、电容、门电路、逻辑器件。

(6) PLD 工具栏：PLD(可编程逻辑器件)对象设置。

(7) 仿真源工具栏：放置仿真信号源。

1.3.3　管理窗口

　　管理窗口包括 Explorer(设计导航树)和 Browse Sch(浏览元件库)两个选项卡，用来实现对文件的管理和原理图库文件的检索，可以通过单击鼠标左键进行切换，管理窗口界面如图 1-11 所示。从图中可以看出，Explorer(设计导航树)选项卡主要是对当前文件的管理，Browse Sch(浏览元件库)选项卡主要是对当前的元件库进行检索。在元件库列表中，默认只有一个元件库，即 Miscellaneous Devices.lib，在这个库中包含有基本的元件，如电阻、电容、三极管、二极管、单端端口、整流桥、发光二极管等。单管放大电路项目所需的元件在这个库中都能找到。

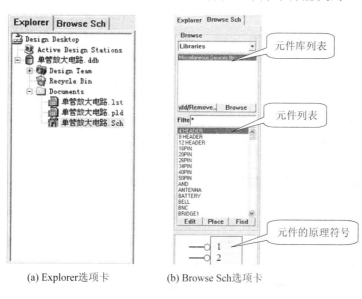

(a) Explorer选项卡　　　　(b) Browse Sch选项卡

图 1-11　管理窗口的两个选项卡

1.3.4　文件标签

　　通过文件标签，在工作窗口中可以看到有哪些文件已经被打开，也可以直接鼠标单击文件标签在不同文件中进行视图切换，如图 1-8 中文件标签所示。

1.3.5　工作窗口

　　打开原理图编译器，就可以在工作窗口看到一张图纸，可在绘图区域完成原理图的绘制操作，如图 1-12(a)所示。图中图纸分为三个部分：边框、绘图区域和标注。"边框"规定了图纸的大小，"标注"区可以设置当前图纸的相关信息。将图纸放大后，可以看到横竖相间的线，称为"栅格"，如图 1-12(b)所示。

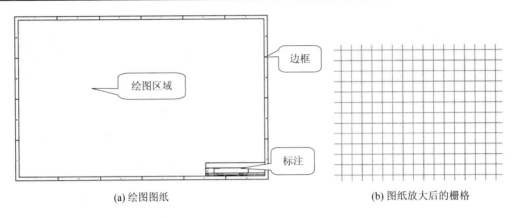

(a) 绘图图纸　　　　　　　　　　　(b) 图纸放大后的栅格

图 1-12

放大和缩小图纸有两种方法：

(1) 单击主工具栏 工具图标，实现放大和缩小，"+"表示放大，"−"表示缩小。

(2) 利用键盘快捷键，"Page Up"放大，"Page Down"缩小。

图纸的相关参数是可以设置的，有两种方法：

(1) 执行"Design(设计)→Options(选项)"菜单命令，进入图纸参数的设置界面。

(2) 在图纸区域内单击鼠标右键，在弹出的菜单中选择"Document Options(文件选项)"命令。

图纸参数设置界面如图 1-13 所示，该对话框中有两个选项卡：Sheet Options(图纸操作)和 Organization(文件信息)。在 Sheet Options 选项卡中我们可以设置图纸的方向、视图显示、背景颜色、栅格尺寸和图纸尺寸等信息，如图 1-13 所示。而在 Organization 选项卡中主要设置当前图纸绘制的厂家、地址、标题和版本等信息，如图 1-14 所示。

图 1-13　图纸参数设置选项卡

图纸参数设置中，我们可以使用标准大小的图纸，也可以自定义图纸大小，如果电路比较复杂，可以使用尺寸大的图纸或者把电路模块化。图纸的放置方向有两种：水平放置和垂直放置，可以在"水平/垂直"设置选项中进行修改。栅格的宽度默认是 10 mil(毫英寸)，可以在栅格设置中修改栅格的宽度和栅格的可视度。一般情况下，只修改图纸大小，其余参数默认即可，这样绘图比较方便。

　　SnapGrid： 指步进栅格大小，一般在图纸上放置元器件时，元件每次移动的最小距离由 SnapGrid 的值决定。

　　VisibleGrid： 指可视栅格大小，这个参数决定了图纸放大后所能看到的图纸栅格的实际宽度。

　　一般情况下，步进栅格和可视栅格参数设置为同一值，方便元件放置和布线。

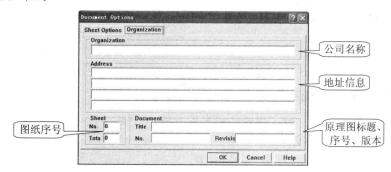

图 1-14　文件信息选项卡

　　在文件信息选项卡中也可以设置图纸相关信息，这些信息会在图纸右下角的标注栏中显示。

1.4　单管放大电路原理图的绘制

1.4.1　放置元件及布局

　　原理图编译器的基本操作我们已基本了解，现在开始绘制第一个电路原理图——单管放大电路。首先找到图 1-1 中的元件：1 个 NPN 三极管，5 个电阻，3 个极性电容，1 个电压源和 1 个电源端口。这些元件都是常用元件，在 99SE 原理图编译器 Miscellaneous Devices.lib 中都能找到，如图 1-15 所示。

原理图绘制

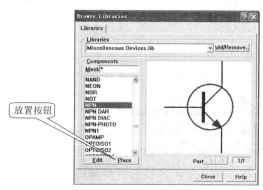

图 1-15　默认元件库浏览

在 Miscellaneous Devices.lib 库中找到元件后将其放置到绘图区域。

放置元件的方法有两种：

(1) 在元件列表中找到该元件，选中后，单击 Place 按钮进行放置。

(2) 在元件列表中找到该元件，选中后，双击左键进行放置。

选中元件后，鼠标光标会变成十字，而且元件的原理图符号也会随着光标移动，确定好放置位置，单击鼠标左键放置元件。一个元件可以连续放置多个，取消放置当前元件直接单击鼠标右键，或按键盘的 ESC 键即可。

99SE 软件提供三个快捷键，方便对元件的放置方向进行修改：

(1) 空格键，90°旋转。

(2) X 键，水平翻转。

(3) Y 键，垂直翻转。

操作时，需要在元件放置状态利用快捷键对元件的方向进行修改。在 Miscellaneous Devices.lib 库中找到单管放大电路所需要的元件，在编译器界面绘图窗口放置元件，如图 1-16 所示。

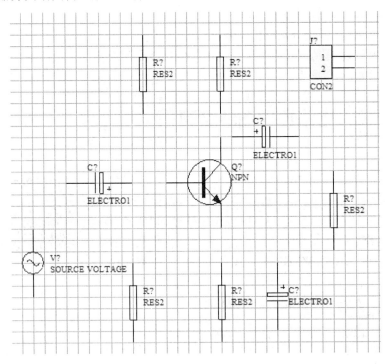

注：绘制电路原理图时，注意元件的间距，布局整齐，连线方便。

图 1-16　单管放大电路元件放置

放置元件后，如果需要移动元器件，可以把鼠标光标放在元件上方，按住鼠标左键，选中元件后，移动鼠标即可移动元件，在合适的位置松开鼠标左键即可固定元件位置。元件整体移动，可以通过鼠标框选元件呈高亮状态，再通过移动操作移动，所有被选中的元件同时移动，如图 1-17 所示。

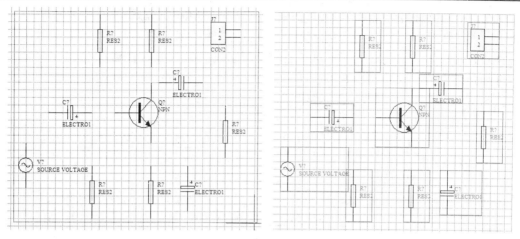

图 1-17　元件整体框选和选中状态

取消选中状态的方法：

(1) 执行"Edit(编辑)→DeSelect(取消选择)→All(全部)"菜单命令。

(2) 鼠标左键单击主工具栏 🔀，取消选中工具图标。

删除元件的两种方法：

(1) 把鼠标光标放在元件上方，单击鼠标左键，当前元件周围会出现虚线框，这时按键盘的 Delete 键就可以删除该元件。

(2) 框选元件呈高亮状态，单击主工具栏剪切工具 ✂️，删除选中元件。

1.4.2　修改元件属性参数

元件放置后，需要修改元件属性参数。元件的属性参数包含元件标号、参数、封装等信息。具体方法为：把光标移动到元件上方，双击鼠标左键进入元件属性参数对话框，如图 1-18 所示。

注：也可在放置元件之前按 Tab 键，进入元件属性对话框，对其属性进行修改。

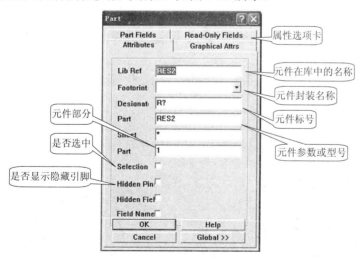

图 1-18　元件属性参数对话框

这个对话框中有四个选项卡，元件的属性参数可在 Attributes(属性)选项卡中进行修改。一般在原理图绘制时，元件的标号、参数必须要有，而且标号必须唯一，不能重复。关于元件封装的问题我们在 PCB 设计部分再进行介绍。

按照图 1-1 所示参数修改元件的属性信息，结果如图 1-19 所示。

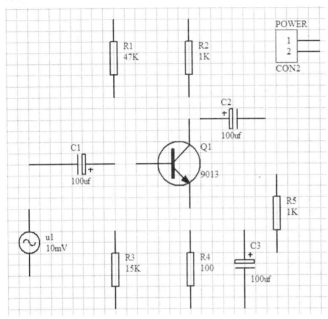

图 1-19　修改完的元件属性参数

1.4.3　绘制导线

元件参数修改好后，就可以布线了。原理图中的元件使用导线连接。绘制导线的基本方法有两种：

(1) 单击布线工具栏的布线工具 ，进入导线绘制状态。

(2) 在绘图区单击鼠标右键，在下拉菜单中选择 Place Wire 进入导线绘制状态。

进入导线绘制状态后，光标变成"十"字形，绘制导线起始位置是元件引脚的电气节点，终止位置是需要连接元件引脚的电气节点。电气节点在元件引脚的末端，连接导线只能连接引脚的电气节点，否则元件引脚之间的连线是错误的。元件引脚的电气节点如图 1-20 所示。

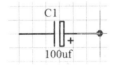

图 1-20　元件引脚的电气节点

在导线绘制状态，把光标放在元件引脚末端，就能看到电气节点(圆形黑点)，这时单击鼠标左键开始连线，通过移动鼠标改变导线方向。在导线绘制时，每按一次鼠标左键固定一次导线位置，直到连线结束。导线的绘制过程如图 1-21 所示。

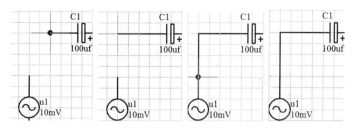

图 1-21　一条导线的绘制过程

当一条导线绘制完成后，单击鼠标右键取消当前绘制。按照上述方法绘制的单管放大电路图如图 1-22 所示。

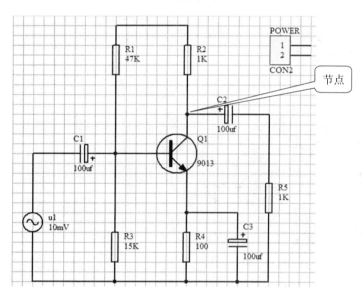

图 1-22　导线绘制完成

注：导线不应经过元件引脚的电气节点(除非相连)，以免出错。

在导线绘制过程中，如果一条导线有分支连接，那么在分支处的电气节点表示这些导线连在一起。图 1-23 中给出了两种常见的错误导线绘制方法，大家在绘制原理图时必须注意。导线连接错误会导致 PCB 布线出现问题，最终会影响 PCB 设计中的元件连接。

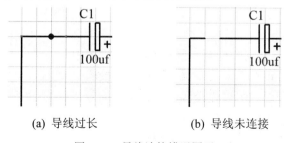

(a) 导线过长　　　　　　　(b) 导线未连接

图 1-23　导线连接错误图示

1.4.4　放置电源对象

单管放大电路的原理图设计没有完成，还需要在原理图中放置电源对象。电源对象可以在电源工具栏中进行查找，电源对象工具栏如图 1-24 所示。单管放大电路所需要的电源对象只有两个：VCC 和地。

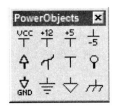

图 1-24　电源对象工具栏

直接利用鼠标左键单击操作，移动鼠标选择放置位置，单击鼠标左键确定放置即可，然后再利用导线将电源对象与对应元件引脚连接，电源对象放置完成后的结果如图 1-25 所示。

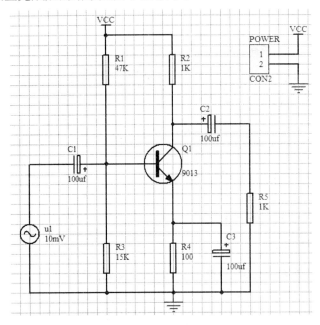

图 1-25　放置电源对象及连接

1.4.5　ERC 校验

ERC(Electrical Rule Check)即电气规则检查，是核对电路原理图中元件设置与导线连接的电气特性是否正常的重要步骤。根据 ERC 校验的结果可以判断电路原理图绘制是否正确，可以检查元件是否重复标号、重复放置，导线连接是否错误、短路等。具体操作方法有两种：

(1) 执行"Tools(工具)→ERC(电气规则检查)"菜单命令。

(2) 在绘图区域单击鼠标右键，在下拉菜单中直接选择 ERC。

在执行上述操作后，即可进入 ERC 校验对话框，如图 1-26 所示。在图中，我们使用默认参数，单击 OK 确定，这时 99SE 会自动生成当前原理图的 ERC 校验文件，如图 1-27 所示。ERC 校验生成的报告文件的后缀名为 .ERC。

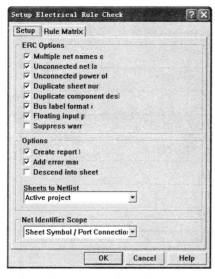

图 1-26　电气规则校验选项卡

图 1-27　电气规则检查报告

注：ERC 校验结果除了以 ERC 报告的形式给出外，原理图文件中也会对 ERC 错误给出提示。

　　如果电路原理图中存在电气规则错误，会在 ERC 报告中体现出来，同时在原理图中也会有错误标记。经过上面的程序，单管放大电路的原理图绘制就完成了。将原理图绘制的基本步骤总结如下：

（1）查找元件放置、布局；

（2）修改元件参数；

（3）连接导线；

（4）放置电源对象及连接；

（5）ERC 校验。

注意：电路原理图绘制过程中，元件标号必须唯一，不能重复，且连线不能存在电气错误。

为了能让大家更好地查找元器件，下面对 Miscellaneous Devices.lib 元件库中的常用元件作简单介绍，如表 1-3 所示。

表 1-3　Miscellaneous Devices.lib 中常用元件的名称

元件名称	Miscellaneous Devices.lib 库中元件名
插头，连接器	HEADE，CON，PIN
D 型插头	DB9，DB15，DB25
电阻	RES1，RES2
排阻	RESPACK1，RESPACK2
可调电阻	RESISTORTAPPED，POT1，POT2
无极电容	CAP
极性电容	ELECTOR1，ELECTOR2
电感	INDUCTOR
晶振	CRYSTAL
二极管	DIODE
三极管	NPN，PNP
场效应管	MOSFET N，MOSFET P，JFET N，JFET P
发光二极管	LED
数码管	DPY
跳线	JUMPER
保险丝	FUSE1，FUSE2
光耦	OPTOISO1，OPTOISO2
继电器	RELAY
话筒	MICROPHONE1，MICROPHONE2
耳机接口	PHONE
按键开关	SW
变压器	TRANS

注：常用元件在 Miscellaneouo Devices.lib 中，若有特殊元件，可以自行绘制，操作方法见项目二。

查找元器件的快捷操作为：选中元件列表中任意一个元件，在键盘上按下所要查找元件名称的第一个字母就能快速找到以该字母为首字母命名的元件。这个操作的前提是要熟悉元件在库中名称的首字母，对于常用元件查找来说，还是很方便的。

1.4.6　生成元件清单

电路原理图绘制完成后，为了查找及采购元器件方便，可以在 99SE

软件中生成元件清单。具体操作步骤为：在单管放大电路原理图编译器界面执行"Reports(报告)→Material(原料)"菜单命令，系统弹出生成元件清单向导对话框，如图 1-28 所示。

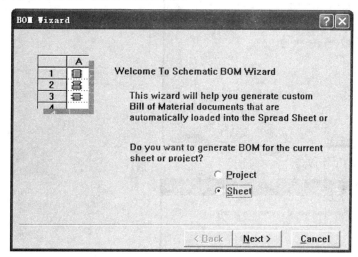

图 1-28　生成元件清单对话框

在当前界面可以选择 Project 和 Sheet 两个选项，Project 表示生成当前整个工程所包含的原理图文件中的所有元件，Sheet 表示当前图纸。我们需要生成单管放大电路的元件清单，所以在当前界面中选择 Sheet，然后单击 Next，生成的界面如图 1-29 所示。

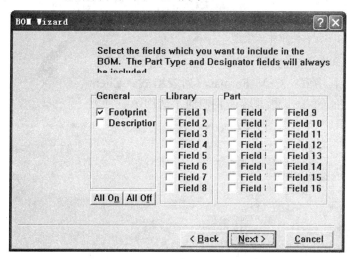

图 1-29　元件清单设置对话框

当前对话框中，General(通用)选项中可以选择元件清单中元件所带的参数，Footprint 表示元件封装，Description 表示元件描述信息。这里面可以使用默认参数，继续单击 Next，界面如图 1-30 所示。再继续单击 Next，选择生成元件清单列表的格式，界面如图 1-31 所示。

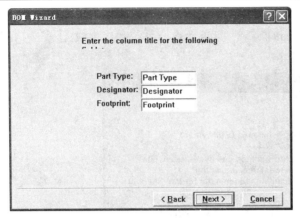

图 1-30　生成元件清单向导

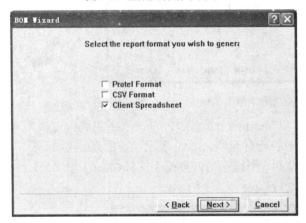

图 1-31　元件清单生成类型

在图 1-31 中，需要设置即将生成的元件清单类型，这里面有三种：Protel Format，典型的 Protel 格式；CSV Format，列表格式；Client Spreadsheet，表格格式，和 Excel 格式相兼容。我们通常选用第三种类型，继续单击 Next，生成的元件清单如图 1-32 所示。

A1		Part Type	
	A	**B**	**C**
1	Part Type	Designator	Footprint
2	1k	R2	AXIAL0.3
3	1k	R5	AXIAL0.3
4	10mV	u1	SIP2
5	15k	R3	AXIAL0.3
6	47k	R1	AXIAL0.3
7	100	R4	AXIAL0.3
8	100uf	C2	RB.2/.4
9	100uf	C1	RB.2/.4
10	100uf	C3	RB.2/.4
11	9013	Q1	TO-92A
12	CON2	POWER	SIP2

图 1-32　生成的元件清单

在生成的元件清单中，包含了元件的标号、参数和封装类型，这样在查看电路原理图中所有的元件信息和采购元器件时就非常方便。

1.5 元件封装

电路原理图中，不同的元件用不同的符号表示。但在 PCB 设计中，由于不同的元件有不同的外形，同一种元件尺寸参数、性能也可能不同，所以元件在电路板上安装的实际大小也不尽相同，不同的元件就要有与之在电路板上对应的封装，具体如图 1-33 所示。

元件封装

从图 1-33 中可以看出，不同的元件在电路板上安装时，元件的外形、引脚个数、焊盘位置都不尽相同，这就是元件封装的不同。元件封装是指电子元器件在电路板上安装的垂直投影，包含元件外形轮廓、尺寸大小、引脚类型、引脚个数、焊盘位置等信息。

图 1-33 电路板上形形色色的元器件

每一个电子元器件在电路板安装时，都需要有对应的元件封装，这样才能保证元件安装合理，检查、维修方便。比如一个 THT 色环电阻有两个引脚，它在电路板上的垂直投影是一个矩形，有两个焊盘，焊盘的位置在投影轮廓的两端，如图 1-34 所示。

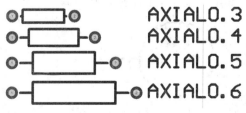

(a) 色环电阻外形   (b) 色环电阻封装

图 1-34 色环电阻

所以在设计 PCB 时，首先应为原理图中的每一个元件设置合适的封装，这样才能在 PCB 中使用。Protel 99SE 中的 PCB 编译器包含常用元件的封装，我们可以直接使用。以下简单介绍 PCB 编译器元件封装库 PCB Footprints.lib 中的常用封装类型。

(1) 直插电阻封装。AXIAL 系列，如 AXIAL0.3，表示该电阻的两个引脚之间的尺寸是 0.3 in，即 300 mil。电阻的尺寸大小和功率有关，功率越大，尺寸越大。

注意：在 PCB 设计中，可以使用两个尺寸参数，公制和英制。公制单位是 mm(毫米)，英制单位是 mil(毫英寸)，封装库中的封装尺寸大多数使用 mil。两者之间的换算关系为 1 in(英寸) = 1000 mil(毫英寸) = 25.4 mm(毫米)。

直插电阻封装中尺寸与功率的对应关系如表 1-4 所示。

表 1-4　直插电阻封装中尺寸与功率的对应关系

封　装	功　率
AXIAL0.3	1/8W
AXIAL0.4	1/4W
AXIAL0.5	1/2W
AXIAL0.6	1W
AXIAL0.7	2W

(2) 无极电容封装。RAD 系列，如图 1-35 所示。如 RAD0.1，表示该电容器两个引脚之间的间距是 0.1 in，即 100 mil。

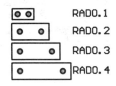

图 1-35　无极电容封装

(3) 极性电容封装。RB 系列，如图 1-36 所示。大多数直插极性电解电容都是圆柱式，引脚在圆柱体下方，投影为圆形。如 RB.2/.4，表示该极性电容外形投影 0.4 in，焊盘之间的距离是 0.2 in。

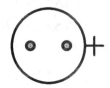

图 1-36　极性电解电容封装

(4) 单列直插器件封装。SIP 系列，如图 1-37 所示。单列直插器件相邻引脚之间的间距是固定值 100 mil。这个封装系列包括 SIP2～SIP20，后面的数字表示焊盘个数。

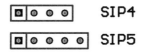

图 1-37　SIP 系列元件封装

(5) 双列直插器件封装。DIP 系列，如图 1-38 所示。DIP 封装属于国际通用集成电路标准封装之一，在 DIP 封装中，元件引脚的起始位置是固定的，且同一列引脚中两个相邻焊盘之间的间距为 100 mil。

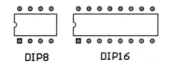

图 1-38　DIP 系列封装

(6) 直插普通二极管封装。DIODE 系列，这个封装系列有两个，即 DIODE0.4 和 DIODE0.7，如图 1-39 所示。

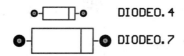

图 1-39　普通二极管封装

DIODE 表示二极管，DIODE0.4 表示二极管引脚间距为 0.4 in，DIODE0.7 表示二极管引脚间距为 0.7 in。

(7) 直插三极管封装。TO 系列，如图 1-40 所示。三极管的类型很多，外形尺寸也不相同，在 99SE 的默认封装库中，常用三极管的封装都能找到。

图 1-40　TO 系列直插三极管封装

(8) 可调电阻封装。VR 系列。一般 3296 式可调电阻的封装使用 VR5，如图 1-41 所示。

图 1-41　VR5 封装

(9) 晶振封装。XTAL1，封装如图 1-42 所示。在 99SE 的默认封装库中，只有这一个晶振封装，如果实际晶振与此封装不对应，可以自行定义封装或者查找其它封装库。

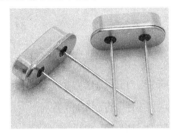

图 1-42　晶振封装

1.6　PCB 编译器界面简介

在 PCB 设计中，我们首先应创建一个 PCB 文件。文件创建的方法在前面已经讲过，在工作窗口的文件夹标签中执行"File(文件)→New(新建)"菜单命令，进入新建文件对话框，创建一个 PCB 文件，修改文件名为"单管放大电路.pcb"，如图 1-43 所示。

图 1-43　创建 PCB 文件

创建成功后双击打开 PCB 文件，进入 PCB 编译器界面，如图 1-44 所示。

从图 1-44 中可以看出，PCB 编译器界面与原理图界面很相似，不过这个界面主要是用来设计 PCB 的，下面对各个功能区域进行简单介绍。

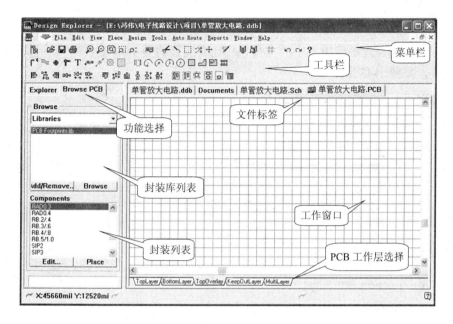

图 1-44 PCB 编译器界面

1.6.1 菜单栏

和之前的原理图界面一样，PCB 编译器界面的菜单栏也是实现具体的功能操作，如图 1-44 所示，功能介绍如下：

(1) File：文件菜单，可以实现新建文件、新建设计数据库、文件打开、工程打开、保存、打印、退出等基本功能。

(2) Edit：编辑菜单，可以实现撤销、重置、剪切、复制、粘贴、查找、选择、移动等基本功能。在 PCB 界面中还有一个重要的菜单命令，就是原点设置。

(3) View：视图菜单，可以实现区域显示、比例显示、放大、缩小、界面显示、可视栅格设置、最小移动间距设置等功能。

(4) Place：放置菜单，可以实现圆弧、矩形填充、焊盘、直线、过孔、元件、覆铜等放置功能。

(5) Design：设计菜单，包含 PCB 规则设置、加载网络表、添加/移除封装库等功能。

(6) Tools：工具菜单，包含设计规则检查、自动布局、PCB 编辑器属性设置等功能。

(7) Auto Route：自动布线菜单，用于实现自动布线基本设置。

(8) Reports：报告菜单，生成报告文件，进行 PCB 功能分析。

(9) Window：窗口菜单，完成窗口的排列布局。

(10) Help：帮助菜单，提供软件帮助信息。

1.6.2　工具栏

PCB 编译器中的工具栏和原理图编辑器中的工具栏相比有明显的变化，前者只有 4 个模块，如图 1-45 所示。

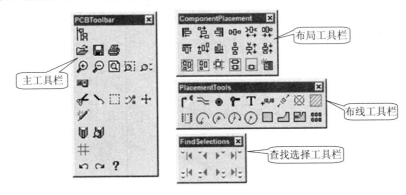

图 1-45　PCB 编译器的工具栏

(1) 主工具栏功能：文件的保存、打开、打印，图纸的放大、缩小、区域视图，剪切、粘贴、选中、取消选中、撤销、重置等。

(2) 布局工具栏功能：元件布局的对齐、均分、拉伸等。

(3) 布线工具栏功能：交互式布线、导线、焊盘、过孔、文本、尺寸标注、原点设置、矩形填充、覆铜等。

(4) 查找工具栏功能：选取对象的切换。

1.6.3　管理窗口

图 1-46 给出了 99SE 中 PCB 编译器的管理窗口界面，包含 Explorer(设计导航树)和 Browse PCB(浏览封装库)两个选项卡，其中

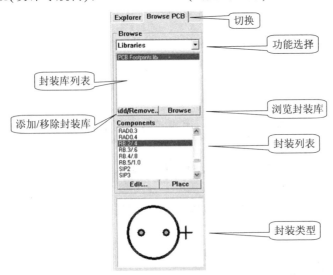

图 1-46　PCB 编译器管理窗口

Explorer 选项卡内容和原理图编辑内容相同。Browse PCB 选项卡中含有封装库列表、封装列表和元件的封装外形等信息，这样我们在查看元件封装时就非常方便。99SE 的 PCB 编译器有一个默认封装库 PCB Footprints.lib，之前我们讲的常用元件的封装在这个库中都能找到。但是在 PCB 设计中，我们不需要一一调用元件封装排列，而是通过原理图直接导入到 PCB，这样设计起来很方便。

1.6.4　印制电路板的层

我们打开 PCB 编译器后，在工作窗口的左下方有层的切换。PCB 编译器中的电路板层如图 1-47 所示。

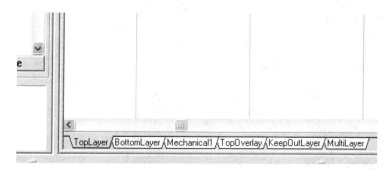

注：不同板层有不同的含义和功能，切忌混用。

图 1-47　PCB 编译器工作窗口中的电路板层

关于 PCB 板，之前我们也讲过，它由覆铜板腐蚀加工而成。覆铜板表面是一张完整的铜箔，而 PCB 上的线路和焊盘就是铜箔腐蚀后留下的部分，腐蚀过的电路板钻孔后也能够安装元器件，作为最简单的 PCB 板。但是这种 PCB 板上的铜箔导线裸露在空气中，极易氧化，仅经腐蚀完成的 PCB 板如图 1-48 所示。

注：阻焊油墨和丝印油墨均需要在印刷完成后热固化在覆铜板表面，防止脱落。

图 1-48　腐蚀后的覆铜板

为了保护铜箔，厂家一般在制作时，会在经过腐蚀的 PCB 铜箔面(除焊盘之外)上刷一层油墨，用来保护铜箔导线，这层油墨称为阻焊油墨，在 PCB 设计中对应阻焊层。而在电路板的元件安装面，为了方便器件装配，也刷上一层油墨用来描述装配信息，称为丝印油墨，在 PCB 设计中对应丝印层。含有阻焊层和丝印层的 PCB 板如图 1-49 所示。

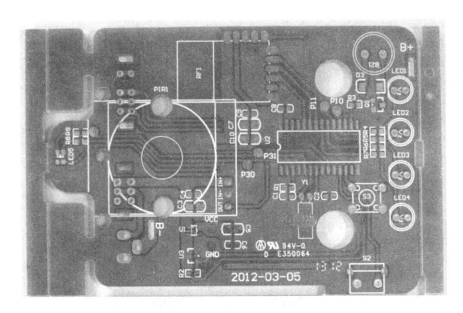

图 1-49　含有阻焊油墨和丝印油墨的电路板

　　有了阻焊油墨和丝印油墨，PCB 电路板上的铜箔导线就能够很好地得到保护，而且安装检查也很方便。在 PCB 设计中，不只是这些电路板层，还有一些具有特殊功能的关系。所以在 PCB 设计时，不仅是画一个图的问题，还要考虑到各个图形层之间的关系。PCB 编译器默认板层如图 1-47 所示，各层的基本功能如下。

　　(1) Signal Layer：信号层，主要用于布置电路板上的导线。99SE 提供了 32 个信号层，包括 Top Layer(顶层信号层)、Bottom Layer(底层信号层)和 30 个 Mid Layer(中间层)。编译器默认的只有两个信号层，Top Layer 和 Bottom Layer，一般，如果我们只设计单面板和双面板，这两个层就够用了。

　　单面板：只有一个信号层的电路板，即一个铜箔层。单面板比较简单，一般元件安装在没有铜箔的那一层(正面)，导线和焊盘在另一层(背面)。

　　双面板：电路板上有两个可以走线的信号层，即两个铜箔层，一般双面板利用双面覆铜板进行腐蚀。两层都可以布置导线和焊盘，可以实现双面焊接。

　　(2) Over Layer：丝印层，主要用来实现信息标注，如元件轮廓、字符标注等。丝印层是一层油墨，通过印刷、热固化工艺固定在电路板的表面。Protel 99SE 提供了两个丝印层：Top Over Layer(顶层丝印层)和 Bottom Over Layer(底层丝印层)。PCB 编译器默认的只有顶层丝印层，在一般的单面板和双面板 PCB 设计中已够用了。

(3) Mechanical Layer：机械层，一般用于设置电路板的外形尺寸、数据标记、装配说明等机械信息。PCB 编译器中默认的是 Mechanical Layer1。

(4) Solder mask Layer：阻焊层，主要是用来阻止焊接的。因为在 PCB 电路板上，不是所有的铜箔都需要焊接，只有在元件引脚的位置或者某些特殊的预留位置才需要焊接，工艺要求电路板上的非焊接处不能粘锡，所以在焊盘以外的地方都要涂覆一层油墨，用于阻止这些部位上锡，并且保护导线，防止氧化。

(5) Keep Out Layer：禁止布线层，用于定义电路板上能够有效放置元件和布线的区域。

单面板有一个信号层和一个阻焊层，且信号层和阻焊层在同一面。有一个丝印层，丝印层一般在电路板的安装面。机械层和禁止布线层在 PCB 设计过程中确定，反应出来的就是电路板的实际外形尺寸。

双面板有两个信号层和两个阻焊层，且两个信号层在电路板的表面。丝印层可以是一个，也可以是两个，取决于当前的双面电路板是单面安装，还是双面安装。

在 99SE 的 PCB 编译器中，我们可以通过 Design 菜单栏设置电路板相关层的个数，不过在一般的单面板和双面板的设计中，默认的电路板层就够用了。不同层的图形可以利用不同颜色加以区分。

1.7 单管放大电路的 PCB 设计

1.7.1 修改元件封装与创建网络表

前面我们讲了元件封装和 PCB 的相关层，那么如何来绘制 PCB？这还要从原理图说起。

网络表创建

在之前讲的原理图绘制中，我们对每一个元件的属性参数进行了设置，但是没有设置的一个参数就是元件封装。元件封装参数也在原理图编译器元件的属性对话框中进行设置。先切换到单管放大电路原理图编译器界面，把鼠标光标放在某一个电阻的上方，双击鼠标左键，系统弹出元件属性参数设置对话框，如图 1-50 所示。

从其中我们可以看到，该元件 Footprint(封装)一栏没有设置。输入一个电阻的封装 AXIAL0.3，将这个封装用于单管放大电路的电阻器。

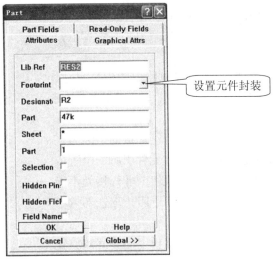

注：元件的封装名
称必须在 PCB
编辑器封装库
中能够找到，
且封装名不能
出错。

图 1-50　元件属性参数设置对话框

单管放大电路中的元件封装如表 1-5 所示。

表 1-5　单管放大电路元件封装

元件	封装
电阻	AXIAL0.3
极性电容	RB.2/.4
三极管	TO-92A
元件	封装
信号源	SIP2
电源接口	SIP2
—	—

　　将单管放大电路中元件封装的参数修改完成，我们还要创建一个能
够在 PCB 编译器中直接调用的文件，即网络表。网络表是连接电路原理
图和 PCB 的桥梁，通过网络表可以很方便地创建 PCB 连接。

　　创建网络表的方法有两种：

　　(1) 在原理图编译器中执行"Design(设计)→Create Netlist(生成网络
表)"菜单命令。

　　(2) 在原理图编译器的工作窗口中单击鼠标右键，在下拉菜单中选
择 Create Netlist 命令，生成网络表操作，如图 1-51 所示。使用默认设置，
直接点击 OK 按钮，即可创建网络表文件。

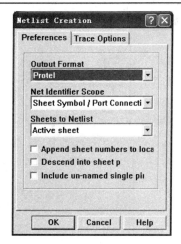

图 1-51 创建网络表对话框

网络表文件的后缀名为.net。网络表文件中包含两种信息：元件信息和网络信息，如图 1-52 所示。

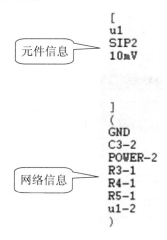

图 1-52 网络表中的信息

其中，元件信息以"[ ]"表示，其中包含元件标号、封装名称、参数等；网络信息以"( )"表示，其中包含连接当前某一网络的元件引脚序号。比如图 1-52 中的 GND 网络，与其相连的有 C3 的第 2 脚，POWER 的第 2 脚，R3 的第 1 脚，R4 的第 1 脚，R5 的第 1 脚，u1 的第 2 脚。

1.7.2 加载网络表

创建好网络表后，在单管放大电路 PCB 编译器的界面就可以加载网络表了。加载网络表的步骤如下：

(1) 在 PCB 编译器界面执行"Design(设计)→Load Netlist(加载网络表)"命令，系统弹出加载网络表对话框，如图 1-53 所示。

网络表加载

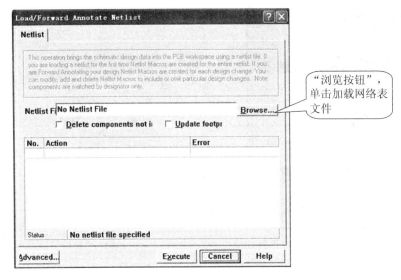

图 1-53　加载网络表对话框

(2) 当前对话框中没有任何网络信息，我们需要加载刚才创建的网络表，单击 Browse 按钮，出现选择文件界面，如图 1-54 所示。在图中，选择单管放大电路.NET，然后单击 OK，就可以了。

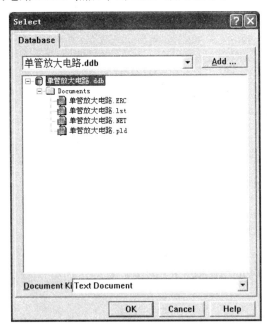

图 1-54　网络表选择界面

网络表加载完成后，在网络表对话框中可以看到"All macros validated(所有命令生效)"，表示当前加载的网络表命令全部都通过验证，可以使用了，而且在错误栏中没有提示错误信息，表示加载无误，界面如图 1-55 所示。

图 1-55 加载网络表对话框

注：在加载网络表时，应先熟悉常见的几类错误信息，以便修改。

需要注意的是：如果加载网络表后出现错误，即 Error 一栏中有错误信息提示，我们要查看原理图中是否有封装错误或者电气错误，执行时必须保证返回结果为 "All macros validated"，否则加载的网络表会出现网络连接问题。

若加载网络表没有错误，单击图 1-55 中的 Execute 按钮，执行网络表加载，即可在 PCB 界面中看到加载网络表后的结果，如图 1-56 所示。

从图 1-56 中可以看出，单管放大电路原理图所有元件对应的封装都已经加载进来，同时在元件的引脚上还有连接线，这些连接线不是导线，而是网络飞线，网络飞线就是网络表中的网络信息，按照飞线提示我们可以方便地进行导线连接操作。

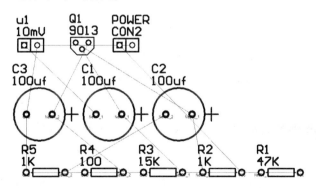

图 1-56 加载网络表后的结果

但是这个操作过程中三极管的封装与原理图三极管元件的引脚不对应。为什么这样说呢？我们来看看原理图三极管元件引脚和它的封装焊盘序号。在单管放大电路的原理图编辑器中，双击三极管 Q1，出现元件属性参数设置对话框，如图 1-57 所示。将 Hidden Pin(是否显示隐藏的引脚信息)选中，即可看到三极管 Q1 的引脚信息状态如图 1-58(a)所示。

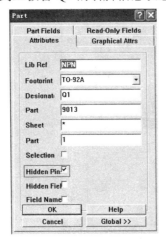

图 1-57　三极管隐藏引脚设置

注：元件封装与对应元件原理图符号的引脚必须一致，否则会出现错误。

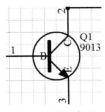

(a) Q1 引脚序号

(b) 三极管封装

(c) 9013 实物图及引脚极性

图 1-58

从图 1-58(b)和图 1-58(c)中可以看出，9013 三极管使用的封装中序号为 3 的焊盘对应 E，2 号焊盘对应 B，1 号焊盘对应 C，但是原理图中三极管的 B 和 C 所对应的引脚序号与实际元件不一致。这时我们需要对引脚序号进行修改。

引脚序号修改方法：在原理图编译器界面找到 Miscellaneous Devices.lib 元件库中的 NPN 三极管，如图 1-59 所示，选中后单击元件列表下方的 Edit 按钮，进入元件原理图库文件编辑器，如图 1-60 所示。

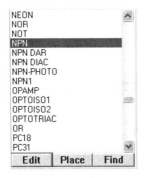

图 1-59　选中 NPN 元件后单击 Edit 进入元件原理图库文件编辑器

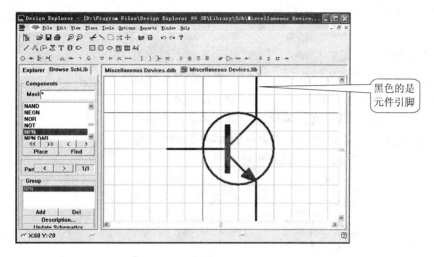

图 1-60　元件原理图库文件编辑器界面

我们需要修改三极管的集电极(C)和基极(B)的序号，把鼠标光标放在元件引脚上方，双击进入元件引脚属性参数设置对话框，如图 1-61 所示。

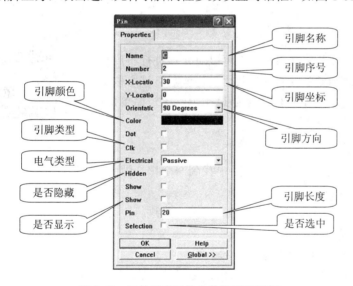

图 1-61　元件引脚属性参数设置对话框

在图 1-61 所给出的元件引脚属性对话框中，相关设置参数的含义：Name 表示当前引脚的名称；Number 表示当前引脚序号；X-Location 和 Y-Location 是当前引脚的坐标；Orientation 表示引脚方向；Color 表示引脚颜色；Dot 和 Clk 表示引脚的类型，Dot 表示引脚低电平触发，而 Clk 表示当前引脚为时钟脚；Electrical 表示引脚的电气类型，99SE 中定义的引脚电气类型有 7 种，Input(输入)，Output(输出)，Open Collector(集电极开路)，Passive(无源)，HiZ(高阻)，Open Emitter(射极输出)和 Power(电源)；Hidden 表示是否隐藏，若选中，该引脚会隐藏；Show 表示是否显示，第一个 Show 表示是否显示引脚名称，第二个 Show 表示是否显示引脚序号；Pin 选项用来设置引脚长度；Selection 表示该引脚是否处于选中状态。

对于元件库中已经有的三极管原理图符号，我们只需要把 C 极序号改为 1，B 极的序号改为 2 即可，修改完成后，点 OK 确认，修改完成后的三极管引脚参数如图 1-62 所示。然后在主工具栏按保存🔲按钮，保存当前修改结果。关闭元件原理图库文件编译器，将单管放大电路原理图中的三极管删除，然后重新放置修改引脚参数后的 NPN 三极管，修改元件参数和连线，重新创建网络表，最后加载即可。

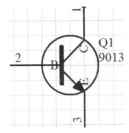

图 1-62　修改完成后的三极管引脚信息

1.7.3　PCB 布局

单管放大电路比较简单，加载网络表后，就可以对元件进行布局了。有些 PCB 在设计时，先要确定 PCB 板的外形尺寸，也就是机械层信息，然后在绘制好的机械层内部进行布局布线。但是这个电路比较简单，可以不用先设计机械层边界，直接来进行布局。

PCB 布局

1. PCB 布局的一般原则

(1) 若电路图比较简单，我们应该在电路图中找到一个核心器件，其余器件围绕核心器件进行布局。

(2) 布局过程中，元件排列可以按照原理图的连接方式进行，元件所放置的位置应尽可能让飞线更加简洁，交叉最少。

(3) 接口一般放置在电路板的四周，方便外部引线。

(4) 元件布局应紧凑，布放整齐，同方向的元件尽可能放在同一条直线上，保证横平竖直，排列均匀。

2. PCB 编译器中布局的基本操作

(1) 元件移动：将鼠标光标放在元件上方，一直按着鼠标左键选中元件，这时光标变成"十"字形，移动鼠标至元件需要放置的地方，松开鼠标左键即可。

(2) 元件旋转：选中元件后，按空格键改变元件方向。在 PCB 编译器中，默认的旋转方向沿逆时针旋转 90°。在 PCB 设计中，元件只能旋转，不能水平或垂直翻转。

(3) 元件删除：框选元件呈高亮状态，单击工具栏剪切工具✄，这时光标变成"十"字形，在工作窗口单击鼠标左键删除选中元件。

(4) 图纸放大和缩小：利用主工具栏放大镜和缩小镜 🔍🔍，或者使用键盘上的 Page Up 和 Page Down，或者在工作窗口单击鼠标右键，在下拉菜单中选择 Zoom In 和 Zoom Out 实现放大和缩小。

(5) 图纸移动：在工作窗口一直按住鼠标右键，光标变成小手，这时移动鼠标来移动图纸。

在单管放大电路中，9013 作为核心器件，其余器件围绕三极管进行布局，我们可以通过基本操作，对元件的位置进行排列。参考的排列如图 1-63 所示。

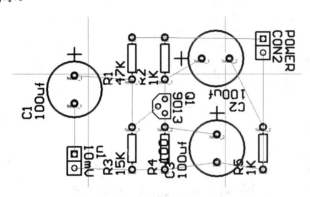

注：元件 PCB 布局可借助坐标参数，也可使用对齐工具进行处理。

图 1-63　单管放大电路 PCB 布局

3. PCB 布局的优化

大家可以看出，虽然我们将元件的位置重新排列，但是图 1-63 中元件的标号和参数位置很乱，这样做出的电路板装配时会出现问题。所以我们还需要将元件的标号和参数进行合理布局，方便元件安装和检查。元件标号和参数的排列方法和元件的基本操作相同，对单管放大电路 PCB 设计中元件标号和参数重新布局后的结果如图 1-64 所示。

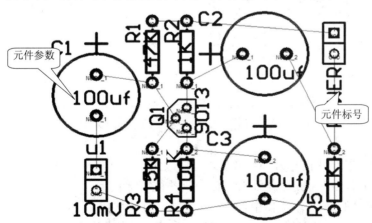

图 1-64　单管放大电路 PCB 布局标号和参数位置修改

这样排列后要比图 1-63 中元件参数和标号清晰很多。但是我们发现电阻封装内部的元件参数有点大，看的不是很清晰，我们是不是可以把它改小点呢？当然是可以的。具体操作方法是：把鼠标光标放在要设置的元件标号或者参数上方，双击鼠标左键，系统自动弹出属性对话框，如图 1-65 所示。

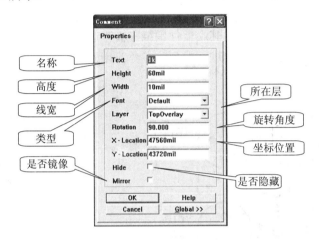

图 1-65　元件标号、参数属性对话框

　　元件的标号和参数在丝印层，用来描述元件的基本信息，要是改小的话，一般将 Height(高度)改为 40 mil，Width(线宽)改为 8 mil。修改后的结果如图 1-66 所示。

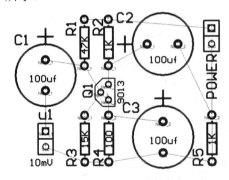

图 1-66　单管放大电路 PCB 设计元件标号和参数调整

　　注意：一般在 PCB 设计中，元件的标号和参数的位置要统一，水平放置的元件和垂直放置的元件的标号方向朝向最好相同，这样在装配元件时就比较方便。

　　有人会问，元件较少的 PCB 中的标号和参数要进行修改比较简单，要是一个 PCB 比较复杂，元件很多，是不是还要对标号或者参数一个一个进行修改？其实，在 99SE 的 PCB 编译器中，有一个快捷设置元件标号和参数尺寸大小的方法，一次性就可以完成一个 PCB 中所有元件的标号或者参数尺寸大小的统一设置。具体操作如下：

　　和之前设置元件标号或者参数的方法一样，将鼠标光标放在需要设置的元件标号或者参数的上方，双击鼠标左键，在系统弹出的属性对话框中，进行相关设置，具体操作见图1-67。

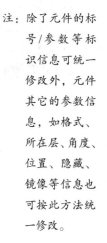

图1-67　元件标号、参数属性对话框展开

单击"Global(全局)"按钮，进入扩展属性对话框，将 Height 和 Width 参数修改后，将"Attributes To Match By(适用对象)"下面的 Height 和 Width 改为 Same(相同)，然后单击 OK，这时就能看到所有元件参数的尺寸都统一修改了。

1.7.4　PCB 布线

1. PCB 布线的一般原则

(1) 线宽设置中，地线宽度>电源线宽度>信号线宽度。

(2) PCB 上的导线如果能走宽，尽量走宽。

(3) 线宽设置至少要能够通过当前导线能够流过的电流的150%，要留有余量。比如如果某条导线流过的电流是 1 A，铜箔厚度是 35 μm，那么导线宽度至少应该设置为 $0.4 \times 1.5 = 0.6$ mm。

(4) 走线方向尽量不要使用直角和任意角度，尽量使用 45°走线和圆弧走线，且一个电路板上的走线方式要统一。

(5) 导线之间的安全间距应尽量大一点，不要设置的太小，PCB 编译器中默认为 10 mil。

2. 布线方法

布线其实就是放置导线，在布局完成后，元件的位置被固定下来，但是元件引脚之间并没有连线。PCB 中焊盘之间的连线是飞线，仅仅表示网络连接，也就是哪些元件的焊盘应该连在一起，设置导线的放置还需要设计者处理。通常情况下，为了布线方便，一般使用交互式布线命令在相同网络的焊盘之间进行导线放置，具体方法如下：

注：除了元件的标号/参数等标识信息可统一修改外，元件其它的参数信息，如格式、所在层、角度、位置、隐藏、镜像等信息也可按此方法统一修改。

PCB 布线(一)

PCB 布线(二)

(1) 鼠标左键单击布线工具栏中的交互式布线工具图标 ；

(2) 在工作窗口单击鼠标右键，在下拉菜单中选择"Interactive Routing(交互式布线)"。

交互式布线操作状态如图 1-68 所示。

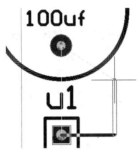

图 1-68　PCB 布线状态

这时光标变成"十"字形，把光标放在需要放置导线的焊盘处，单击鼠标左键，就可以进行布线。移动鼠标可以改变走线的方向，每单击一次鼠标左键，之前的一段走线被固定下来，且在走线过程中可以看出飞线会随着光标的移动而移动，这里的飞线主要显示导线连接的终点焊盘。

之前我们讲了 PCB 的层，我们知道导线应该在信号层，PCB 编译器中默认的信号层有两个，TopLayer(顶层信号层)和 BottomLayer(底层信号层)。单管放大电路比较简单，我们可以用单面板进行设计，也就是说要在走线层中先选择 BottomLayer，然后再进行走线。电路板层切换为 BottomLayer，如图 1-69 所示。

图 1-69　切换底层走线

切换走线层有三种方法：

(1) 将鼠标光标放在所需设置的走线层标识上方，单击鼠标左键即可。

(2) 利用键盘上的"+"和"−"键实现电路板层之间的切换。

(3) 利用键盘上的"*"键实现信号层之间的切换。

如果对信号线的走向不满意，要重新修改。此时将光标放在所要删除的导线上方，单击鼠标左键，在信号线被选中的状态下，按键盘 Delete 键删除之前的导线。

99SE 的 PCB 编译器支持 5 种走线方式：任意角度，45°，圆弧，90°圆弧，直角。走线方式切换用"Shift+空格"键；在走线状态中按空格键切换走线方向。导线走向的 5 种方式如图 1-70 所示。

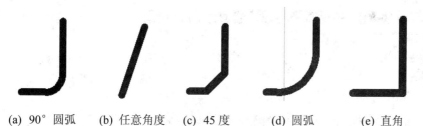

| (a) 90°圆弧 | (b) 任意角度 | (c) 45度 | (d) 圆弧 | (e) 直角 |

图 1-70 PCB 走线类型

讲了走线层，走线方式，我们利用交互式布线命令，使用 45°走线在 BottomLayer 中完成单管放大电路的 PCB 走线，如图 1-71 所示。

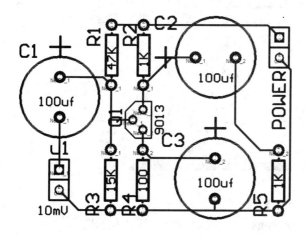

图 1-71 完成后的走线

走线完成后，整个 PCB 中就不存在飞线了。在 PCB 制作中，导线和焊盘处的铜箔被保留下来，而其余地方全部被腐蚀掉。图 1-71 中的导线太细，一般在 PCB 布线过程中，若电路板的空间足够，可以将导线的宽度尽可能地加宽，这样既可以让导线承受更大的电流强度，同时也提高了电路板的可靠性，减少浪费。

3. 线宽设置

在图 1-71 中，走线的宽度是默认值 10 mil，即 0.254 mm。这个导线非常细，一般我们在设计 PCB 时，需要根据电路板的电气特性重新定义线宽，使线路更加优化，这就需要定义设计规则。

定义设计规则的具体操作为：执行"Design(设计)→Rules(规则)"菜单命令，进入设计规则对话框，如图 1-72 所示。在此设计规则对话框中，有 6 个选项卡：Routing(布线规则)，Manufacturing(制造规则)，High Speed(高速规则)，Placement(布局规则)，Signal Integrity(信号完整性规则)和 Other(其它)。

在单管放大电路设计中，如果重新设置走线宽度，只需要用到 Routing 选项卡，如图 1-73 所示。

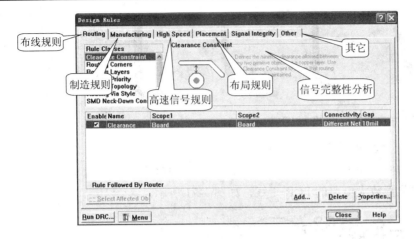

图 1-72　设计规则对话框

图 1-73　布线规则选项卡

在 Routing 选项卡中选中 Width Constraint(线宽约束)，可以看到当前线宽的约束规则中只有一条约束法则，适用范围是 Board(整个电路板)，且 Minimum Width(最大线宽)、Maximum Width(最小线宽)、Preferred Width(典型值)都是 10 mil，这也就是我们刚才布线的线宽只有 10mil 的原因。要修改线宽，需要对当前的规则进行重新设置，把光标放在当前规则的上方，双击鼠标左键进入线宽规则设置对话框，如图 1-74 所示。

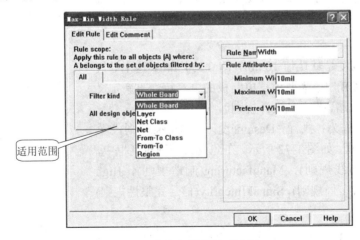

图 1-74　线宽规则设置对话框

在线宽规则设置对话框中，可以设置当前线宽规则的适用范围，可以是 Whole Board(整个电路板)、Layer(某电路板层)、Net Class(网络类)、Net Region(网络区域)等，我们设置为 Whole Board(整个电路板)。然后修改线宽的 Maximum Width(最大值)、Minimum Width(最小值)和 Preferred Width(典型值)。铜箔导线的线宽、铜箔厚度和导线承载电流的关系见表 1-6。从表中可以看出，铜箔越厚，导线越宽，所能流过的电流就越大。对于单管放大电路来说，它其实是一个小信号放大，电流较小。但是为了节约铜箔，我们适当的将导线的宽度增大，这样导线在腐蚀过程中就不容易断裂，且还能通过更大的电流。

表 1-6　导线宽度与铜箔厚度、承载电流关系

导线宽度/mm	电流(A)		
	厚度 1oz(约 35 μm) 温升 10℃	厚度 1.5oz(约 50 μm) 温升 10℃	厚度 2oz(约 70 μm) 温升 10℃
2.5	4.5	5.1	6
2	4	4.3	5.1
1.5	3.2	3.5	4.2
1.2	2.7	3	3.6
1	2.3	2.6	3.2
0.8	2	2.4	2.8
0.6	1.6	1.9	2.3
0.5	1.35	1.7	2
0.4	1.1	1.35	1.7
0.3	0.8	1.1	1.3
0.2	0.55	0.7	0.9

我们在线宽规则设置对话框中，将 Minimum Width(最小线宽)设置为 20 mil，Maximum Width(最大线宽)设置为 80 mil，Preferred Width(典型值)设置为 50 mil，如图 1-75 所示。设置完成后，单击 OK 确认，修改完成的线宽参数如图 1-76 所示。

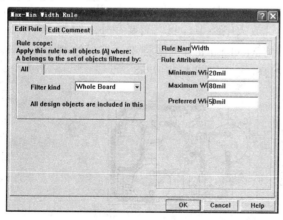

图 1-75　线宽设置

注：最小线宽和最大线宽规定的是走线的宽度范围。典型值为默认走线宽度，一般设置在最大线宽和最小线宽之间。

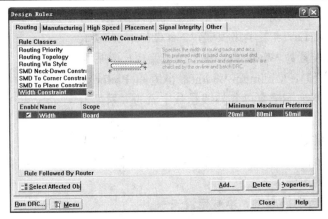

图 1-76　设置好的线宽规则

　　设置完成后，单击 Close 关闭设计规则对话框，回到单管放大电路的 PCB 编译器界面。将之前的走线全部删除，重新利用交互式布线命令布线，布线结果如图 1-77 所示。

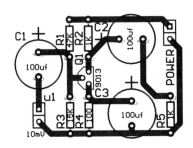

图 1-77　修改线宽后重新布线效果

　　这样处理后，导线宽度增加，效果要比之前更好。

1.7.5　其它操作

1. 绘制机械层及尺寸标注

　　机械层描述电路板的外形尺寸，在没有特殊要求的情况下，PCB 一般都是矩形。在布局、布线好的单管放大电路中，我们需要在外面绘制电路板的机械层图形。将板层切换到 Mechanical1(机械层 1)，然后绘制机械边框，绘制完成的电路板机械边框尺寸如图 1-78 所示。

注：Protel 99SE 软件中，机械层 1 的颜色和禁止布线层的颜色相同，应注意区分。或者也可以利用其它机械层来设置，如机械层 4。

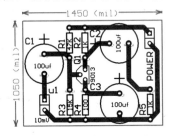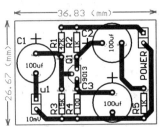

图 1-78　绘制机械边框，标注尺寸

尺寸标注可以使用 PCB 编译器布线工具栏尺寸标注工具 进行操作,单击尺寸标注工具,光标变成"十"字形,移动鼠标,选择标注的起点并单击鼠标左键,移动鼠标到标注的终点,单击鼠标左键确认。单击鼠标右键即可取消尺寸的标注状态。

PCB 编译器中支持两种单位,公制 mm(毫米)和英制 mil(毫英寸),这两个单位的切换可以使用键盘的 Q 键进行,或者通过执行"View(视图)→Toggle Units(单位切换)"菜单命令实现单位切换。

2. 重新定义原点及 3D 显示

一般在 PCB 设计中将设计好的电路板的某一点作为坐标原点,通常情况下可以将左下角或者机械边框的中心设置为坐标原点。

坐标原点的设置方法有如下两种:

(1) 执行"Edit(编辑)→Origin(原点)→Set(设置)"菜单命令,光标变成"十"字形,移动鼠标,将光标放在所需要重新设置的坐标原点的位置,单击鼠标左键即可。

3D 显示

(2) 单击布线工具栏原点重置工具 ,光标变成"十"字形,移动鼠标,将光标放在所需要重新设置的坐标原点的位置,单击鼠标左键即可。

通过 3D 显示操作,可以观察设计完成的 PCB。具体操作方法为:执行"View(视图)→Board in 3D(3D 显示)"命令,即可进入 3D 显示视图窗口,观察设计完成的 PCB。单管放大电路 PCB 的 3D 显示图如图 1-79 所示。

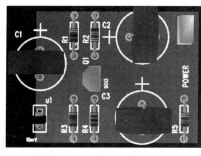 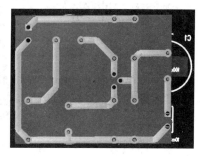

(a) 3D 显示正面　　　　　　　　　(b) 3D 显示背面

图 1-79　单管放大电路 PCB 3D 显示图

项 目 总 结

在项目一中,我们主要通过单管放大电路原理图和 PCB 板的设计,讲解利用 Protel 99SE 软件进行从原理图绘制到 PCB 设计的基本操作方法。从整个设计流程可以看出,PCB 设计的一般步骤如下:

(1) 创建设计数据库(.ddb 文件),新建原理图文件(.sch),在新建的原理图文件编译器中调整图纸参数,绘制电路原理图。要求元件布局合理，结构紧凑，连线简单。注意基本工具栏的使用。如果有些元件的引脚和封装不对应，应及时修改。

(2) 更改元件标号和参数。元件标号在原理图设计中必须唯一，不能重复。如果知道元件封装参数，可以直接在元件属性对话框中设置元件封装。

(3) 绘制完成后进行 ERC 校验，检验电路原理图是否存在电气连接错误，如果存在，需根据错误提示信息修改电路原理图。

(4) 在原理图编译器中创建网络表。

(5) 新建 PCB 文件，更改 PCB 文件名后，在 PCB 中加载网络表。查看网络表中是否存在错误，如果有，应及时修改原理图直至调用正确。

(6) 网络表加载后对元件进行布局，注意基本的布局原则，元件之间的距离尽量紧凑，元件排列整齐，布局时可以根据电路原理图的连接形式进行。

(7) PCB 布线。在布线操作之前修改设计规则，重新定义线宽规则，注意电路板上各线路的电流大小和各层的切换，线宽至少要满足最小电流通过条件。修改完线宽参数后，在布线时使用交互式布线命令进行布线。导线走线类型一般使用 45°走线或者圆弧走线。

(8) 定义机械层尺寸，绘制机械层边界及进行尺寸标注。

(9) 重新定义坐标原点，方便厂家加工。

实 践 训 练

【训练目标】

熟悉 Protel 99SE 基本操作，掌握利用 Protel 99SE 软件从原理图绘制到 PCB 设计的基本流程，熟悉常用电子元器件的封装。

【训练流程】

(1) 根据训练题目，绘制电路原理图。

(2) 对电路原理图进行 ERC 校验，检查其是否存在错误。

(3) 创建网络表。

(4) 根据训练题目要求，完成 PCB 设计。

【训练题目】

1. 两级放大电路设计

两级放大电路原理图如图 1-80 所示。

PCB 设计要求：

(1) 单面板布局布线，要求元件布局紧凑，排列整齐，电源接口 POWER 和输入信号源接口 J1 放在板子四周。

(2) 元件封装见表 1-7。

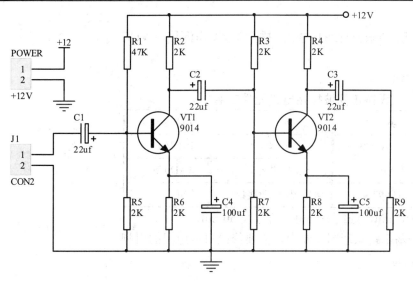

图 1-80 两级放大电路原理图

表 1-7 两级放大电路元件封装

元件	封装	元件	封装
电阻	AXIAL0.3	电容	RB.2/.4
三极管	TO-92A	信号源，电源接口	SIP2

(3) 线宽：电源线不小于 60 mil，地线不小于 80 mil，信号线不小于 50 mil。

2. 文氏桥正弦波振荡电路设计

文氏桥正弦波振荡电路原理图如图 1-81 所示。

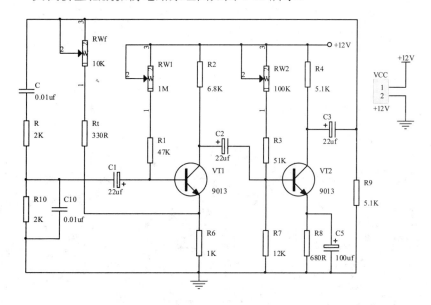

图 1-81 文氏桥正弦波振荡电路

PCB 设计规则：

(1) 单面板布局布线，要求元件布局紧凑，排列整齐，电源接口 VCC 放在板子四周。

(2) 元件封装见表 1-8。

表 1-8　文氏桥正弦波振荡电路元件封装

元件	封装	元件	封装
电阻	AXIAL0.3	电容	RB.2/.4
可调电阻	VR5	无极电容	RAD0.2
三极管	TO-92A	信号源，电源接口	SIP2

(3) 线宽：电源线 60 mil，地线 80 mil，信号线 50 mil。

注意：在文氏桥振荡电路原理图绘制中，需要修改可调电阻的引脚序号，以便和图 1-81 保持一致。

项目二　直流稳压电源电路设计

2.1　项目概述

　　直流稳压电源电路是电子线路设计中一种基本的电路,在电子整机内部均有所使用。一般电子整机使用的是直流电,但是市电电压是 220 V/50 Hz、50 Hz 的交流电,所以在电子整机内部含有电源变换电路,将 220 V、50 Hz 的交流电改变为电子整机能够正常工作的直流电压。本项目所讲的就是基本的直流稳压电源电路设计。其中涉及到两个电路:一个是利用 LM78XX/79XX 系列三端稳压器设计的固定稳压电源电路,如图 2-1 所示;另一个是利用 LM317/337 设计的可调稳压电源电路,如图 2-2 所示。

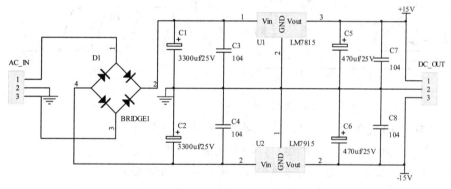

图 2-1　三端固定稳压电源电路

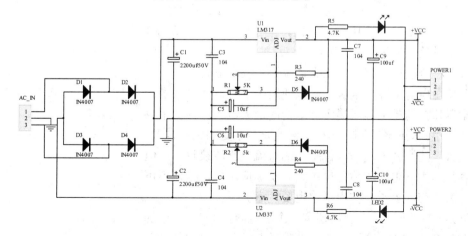

图 2-2　三端可调稳压电源电路

这两个稳压电路实际上都是采用二级稳压方式，电路中的 AC_IN 接变压器的次级，变压器次级的输出经过二极管(或整流桥)、大容量电容整流滤波稳压后给稳压器供电，稳压器把整流滤波后的直流电压再进行稳压输出。不直接使用整流、滤波稳压是因为输出后的直流电压会随着输入交流电压的改变而改变。我们通常所说的市电理论上是 220 V、50 Hz 的交流电，但是实际上由于供电线路、市电变压器变换和负载接入等原因，市电电压会有一定的波动，最高可能会到 240 V，最低可能只有 190 V，因此单纯使用整流、滤波稳压电路有时会引起输出电压不稳定。在介绍直流稳压电源电路的 PCB 设计之前，我们先要对整流滤波稳压电路作简单介绍。

2.1.1　整流滤波电路的工作原理

　　整流滤波电路的工作过程如图 2-3 所示。

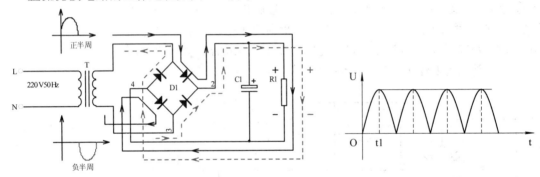

图 2-3　整流滤波电路工作原理

　　市电是 220 V、50 Hz 的正弦波，变压器是一个利用电磁感应效应制作而成的电压变换器件，市电经变压器 T 降压后，降为低电压，但是波形还是正弦波。D1 是一个整流桥，其内部是将 4 个性能参数相同的整流二极管桥接在一起，由于二极管具有单向导电性，交流正弦波电压的正半周和负半周连续接入，整流桥中的不同二极管导通。图 2-3 中给出了正半周和负半周的电流流向，从图中可以看出，经过整流后，负载 R1 上的电流永远是上正下负。在整流桥后加入大容量滤波电容 C1，利用电容的储能作用，可以将全波正弦信号整流成直流给负载供电。

　　滤波电容一般使用电解电容，电解电容在使用中要考虑两个因素：耐压值和容量。耐压值指的是电容两端所能承受的最大电压，容量指电容储存电荷能力的大小。从理论上讲，耐压值越高，可承受的电压越大；滤波电容的容量越大，滤波效果越好，稳压后的直流电压波纹越小；但是耐压值越高，容量越大，电容的体积也越大。实际应用中，我们不可能无限制地提升滤波电容的容量，在应用中也要注意。

　　在图 2-1 和图 2-2 中，主滤波电容后还有一个小电容，如图 2-4 中的 C3，这个电容的作用也是滤波，只不过它所要做的是滤除电网中的高频杂波，降低三端稳压器提供的直流电源中的高频杂波干扰。

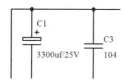

图 2-4　主滤波电容 C1 和电网高频滤波电容 C3

变压器如果体积比较大，不宜直接固定在电路板上，而是将变压器次级的引线引到电路板上进行固定，所以我们在本项目的电路原理图中只给出一个 AC_IN 的三端输入接口，用来表示变压器的次级接口。

2.1.2　三端固定稳压器和三端可调稳压器

一般在功率较小，稳压电压较低的电源电路中，稳压电路可以直接选用三端固定稳压器和三端可调稳压器。

市面上常用的三端固定稳压器是正电压输出的 LM78XX 系列，负电压输出的 LM79XX 系列，其实物及引脚如图 2-5 所示。

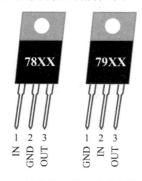

图 2-5　TO-220 封装的三端固定稳压器外形及引脚

从图 2-5 中可以看出，LM78XX、LM79XX 系列有三个引脚，IN(输入)、GND(接地)和 OUT(输出)。常用的正电压输出三端固定稳压器包括：LM7805、LM7806、LM7808、LM7809、LM7810、LM7812、LM7815、LM7818、LM7824。LM78 是系列前缀，后两位数字表示稳压电压，如 LM7805 指正常工作状态下输出电压的理论值为+5V。LM79 系列器件的输出电压与 LM78 系列的输出电压值基本相同，只不过输出负电压。这些是三端固定稳压的典型值，在三端固定稳压器应用中，要保证输入脚的电压至少大于输出电压 6~10V，才能使得输出电压稳定，具体可以参考 LM78XX 系列器件的数据手册。LM78/79 系列的最大输出电流有三个值，78LXX 表示最大输出电流为 0.1A，78MXX 表示最大输出电流为 0.5A，78XX 是标准型，最大输出电压为 1.5A，78SXX 最大输出电流为 2A。

LM317 和 LM337 是市面上比较常见的可调稳压器，它和 LM78/79 系列的不同之处在于：其输出的直流电压连续可调，且电压范围比较广。对比图 2-1 和图 2-2 可以看出，从变压器次级 AC_IN 后面到整流滤波部分的电路变化不大，主要是后续的稳压电路有差别。

LM317、LM337 稳压器的 TO-220 封装外形如图 2-6 所示。

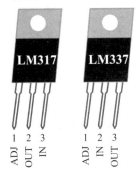

图 2-6   TO-220 封装的 LM317/LM337 外形和引脚图

LM317/337 有三个引脚，IN(输入)、ADJ(调整)、OUT(输出)。在正常工作中，IN 脚要有一个基本的直流输入电压，ADJ 脚用来确定当前输出电压值的大小，IN 脚直流电压要大于 OUT 脚所要调整的直流电压。LM317 的典型应用电路如图 2-7 所示。

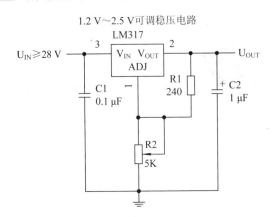

图 2-7   LM317 典型应用电路

当 LM317 的输入电压超过 28 V 时，输出电压的值由 R1 和 R2 电阻器的比值确定，输出电压的计算公式为

$$U_{OUT} = 1.25\ V \left(1 + \frac{R_2}{R_L} \right) + I_{ADJ} R_2$$

其中参考电流 I_{ADJ} 为可调电阻 R2 上的电流，这个电流很小，在计算时可以忽略。

2.1.3   整流桥和整流二极管

在原理图 2-1 和 2-2 中，AC_IN 后面的整流部分都用到二极管，不过图 2-1 三端固定稳压电源电路中使用的是整流桥，图 2-2 三端可调稳压电源电路中使用的是 4 个整流二极管。

实际上，整流桥是一个将 4 个相同参数的整流二极管封装在一起的器件，内部整流二极管的连接形式是固定的。整流二极管市面上也有很多，常见的有 IN4000 系列、IN5400 系列等，具体如图 2-8 所示。对于整流桥和整流二极管来说，在选用的时候要注意以下几个参数：最高反向电压、最大半波整流电流、最大正向电压和最大正向浪涌电流等。

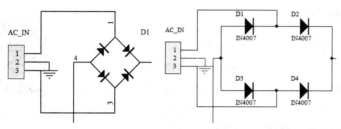

图 2-8　整流桥和整流二极管

表 2-1 中给出了 IN400X 系列整流二极管的基本参数，IN400X 系列二极管的外形如图 2-9 所示。

表 2-1　IN400X 系列整流二极管参数

类型	最高反向电压	最大半波整流电流		最大正向峰值浪涌电流(1 个 50 Hz)	最大反向电流(环境温度 25℃)	最大正向电压(环境温度 25℃)	
	V	A	℃	A	μA	A	V
IN4001	50	1.0	75	30.0	5.0	1.0	0.98
IN4002	100	1.0	75	30.0	5.0	1.0	0.98
IN4003	200	1.0	75	30.0	5.0	1.0	0.98
IN4004	400	1.0	75	30.0	5.0	1.0	0.98
IN4005	600	1.0	75	30.0	5.0	1.0	0.98
IN4006	800	1.0	75	30.0	5.0	1.0	0.98
IN4007	1000	1.0	75	30.0	5.0	1.0	0.98

图 2-9　IN400X 系列整流二极管外形

2.2　直流稳压电源电路原理图绘制

下面以三端固定稳压电源电路为例来讲解直流稳压电源电路原理图的绘制过程。从图 2-1 中可以看出，大部分器件在原理图默认库中都能找到，但是，Miscellaneous Devices.lib 库中找不到 LM7815/LM7915。我们在绘制原理图时也会遇到这些问题，就是电路设计中某些元件的原理图符号在库中找不到。99SE 原理图符号库很多，但是市面上的新器件层出不穷，一个软件也不可能把市面上所有器件的原理图符号都容纳进来，这就要我们自己绘制所需元件的原理图符号。所以在绘制直流稳压电源电路之前，我们先要来讲解如何自定义元件的原理图符号。

2.2.1　自定义元件的原理图符号

在项目一的学习中，我们了解了 99SE 软件设计数据库和基本文件类型的建立。我们首先创建一个设计数据库，命名为"自定义元件库.ddb"，如图 2-10 所示。保存好设计数据库后，在该设计数据库的文件夹中创建一个新文件，命名为"自定义元件原理图库.lib"。

自定义 LM78XX 稳压器原理图符号

图 2-10　自定义元件库.ddb 创建和新建的自定义元件原理图库.lib

双击打开创建完成的自定义原理图库文件，其界面如图 2-11 所示。可以看出其基本界面与原理图编译器界面非常相似，只不过当前文件主要是用来创建元件的原理图符号的。

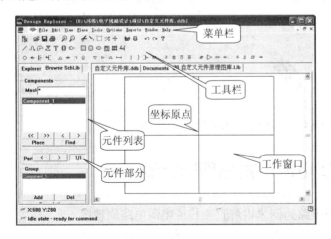

图 2-11　原理图库文件编译器界面

原理图库文件编辑器中的工具栏有 3 个：主工具栏、绘图工具栏和IEEE 标准符号工具栏。在图 2-11 的原理图库文件编译器界面中，左边的元件列表中只有一个元件，名称为 Component_1，但是这个元件在工作窗口中没有符号。

Part 指示当前元件是否是复合式元件(对于复合式元件我们后面再讲)，如果该元件不是复合式元件，则其参数为 1/1，表示该元件只有一个部分。工作窗口是一个基本的元件原理图符号绘制窗口，我们可以看出有水平线和垂直线贯穿图纸，两者之间的交点是坐标原点。注意：我们在绘制原理图符号时，一定要在原点周围绘制，这样放置元件时才不会出错。

把鼠标光标放在工作窗口的坐标原点上方，放大整张图纸直到能清晰地看到栅格，再开始绘制我们所需要的元件。以 LM7815 为例，原理图符号绘制的基本步骤如下。

1. 创建新元件

执行"Tools(工具)→NewComponent(新元件)"菜单命令，进入新元件创建对话框，修改元件名称为 LM78XX，如图 2-12 所示。

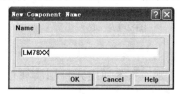

图 2-12　新元件创建对话框

三端固定稳压器的前缀都是 LM78，所以我们命名为 LM78XX 方便查看及更改。创建完成后，在元件列表中除了之前的默认器件，还有我们创建好的 LM78XX，如图 2-13 所示。这时我们可以将之前的Component_1 删除。删除元件的方法：单击鼠标左键选中当前元件，按鼠标右键，在下拉菜单中选择 Cut 即可删除，如图 2-14 所示。

图 2-13　原理图库文件中的元件列表　　　图 2-14　删除元件

2. 绘制元件外形

利用鼠标左键单击绘图工具栏中的矩形绘制工具▣，鼠标光标变为"十"字形，在工作窗口选择绘制的起点和终点绘制矩形。绘制完成后单击鼠标右键取消当前状态，结果如图 2-15 所示。

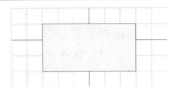

图 2-15　放置矩形填充

3. 放置引脚

鼠标左键单击绘图工具栏中的引脚放置工具 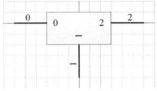，光标变成"十"字形，同时出现元件引脚，移动鼠标，在需要放置引脚的位置单击鼠标左键即可。最后单击鼠标右键取消引脚放置。

注意：在放置元件引脚时，引脚的末端有电气节点，电气节点应该朝外，如图 2-16 所示。引脚放置结果如图 2-17 所示。

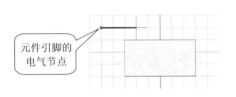

图 2-16　元件引脚　　　　　图 2-17　放置引脚

4. 修改元件引脚属性参数

将光标放在元件引脚上方，双击鼠标左键，系统弹出元件引脚属性参数设置对话框，如图 2-18 所示。

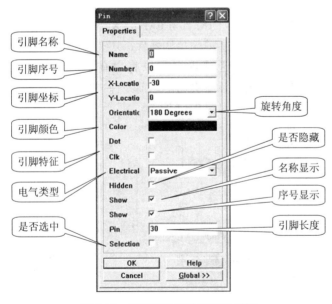

图 2-18　引脚属性参数设置对话框

在此对话框中，我们可以设置元件引脚的一般参数。Name 是引脚名称，其实是引脚的功能说明；Number 是引脚序号，它描述了该引脚在当前元件中是第几个引脚；Location 指引脚的坐标位置，一般放在设置好的引脚后，坐标已经确定；Orientation 指引脚的旋转角度；Color 指引脚的颜色；引脚特征中有两个选项，Dot 和 Clk，Dot 表示低电平有效，Clk 表示当前引脚为时钟脚。Dot 和 Clk 引脚的形状如图 2-19 所示。

元件引脚的电气类型有 8 种：Input(输入)、Output(输出)、I/O(输入/输出)、OpenCollector(集电极开路)、Passive(无源)、OpenEmitter(发射极开路)、HiZ(高阻)和 Power(电源)等，如图 2-20 所示。在自定义元件原理图符号时，如果不确定元件引脚的电气类型，一般设置为 Passive。

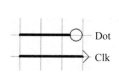

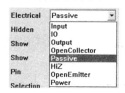

图 2-19　引脚特征　　　　　图 2-20　元件引脚的电气类型

在电气类型下方有两个 Show，第一个 Show 表示是否显示元件名称，第二个 Show 表示是否显示元件序号，默认都为显示。元件引脚长度默认值为 30，单位是 mil。在了解元件引脚设置后，对于 LM78XX 三个引脚的设置如图 2-21 所示。

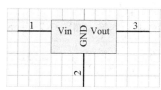

图 2-21　LM78XX 引脚设置

注：在设置引脚长度时，通常设置为当前图纸栅格长度的整数倍，以方便绘图。

5. 修改元件标号

在绘制好 LM78XX 的原理图符号后，单击管理窗口的 Description 按钮，进入元件描述对话框，如图 2-22 所示。在该对话框中将 Default 改为"U?"。不同类型元件的前缀不同，设置时可以参考元件的英文名称的第一个字母。

图 2-22　元件描述对话框

经过上述 5 步，LM78XX 器件的原理图符号就创建完成了。我们可以在当前原理图库文件中继续创建 LM79XX，如图 2-23 所示。设置好的 LM317 和 LM337 如图 2-24 所示。

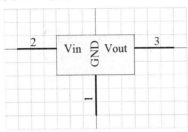

图 2-23　LM79XX 电路原理图符号

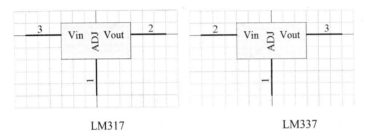

LM317　　　　　　　　　　　　　　　　LM337

图 2-24　LM317/LM337 电路原理图符号

这样，我们就能从元件列表中看到创建好的 4 个器件，如图 2-25 所示。

图 2-25　创建好的器件列表

之后的项目中如果还有新元件的原理图符号需要创建，直接在自定义元件库中添加就可以了。

2.2.2　原理图绘制

新建一个设计数据库，命名为"直流稳压电源电路.ddb"。之后创建一个新的原理图文件，命名为"三端固定稳压器.sch"，我们先绘制固定稳压电源电路的电路原理图，基本流程如下。

1. 加载元件库

在绘制时，需要将制作好的元件的原理图符号加载进来。打开原理图文件，在管理窗口中选择 Browse Sch，在库列表下方单击 Add/Remove 按钮，如图 2-26 所示。这时系统会弹出更改库文件列表对话框，如图 2-27 所示。

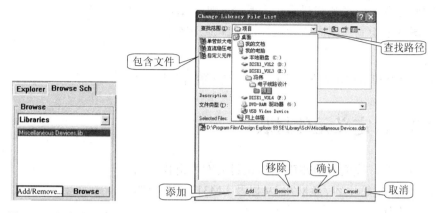

图 2-26　添加库文件　　　　　图 2-27　库文件列表更改对话框

　　在路径中找到存放自定义元件库的文件夹，单击鼠标左键选中自定义元件库(.ddb 文件)，单击 Add 添加自定义元件库。元件库添加后的结果如图 2-28 所示。

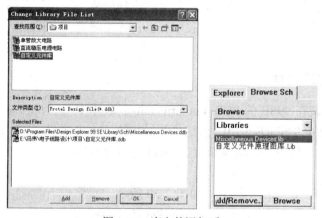

图 2-28　库文件添加后

　　可以看到，原理图库文件添加后，在原理图编译器的库列表中，除了之前的默认库 Miscellaneous Devices.lib 外，还有创建好的"自定义元件原理图库.lib"。单击 Browse 按钮，可以浏览当前库中的元器件，如图 2-29 所示。

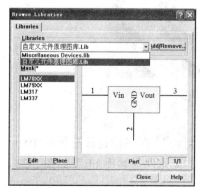

图 2-29　浏览自定义元件库

我们制作的元件的原理图库已经加载进来了，其余元件在默认库中也有，这时，就可以在图纸上绘制三端固定稳压器的电路原理图了。

2. 绘制原理图

根据图 2-1 和 2-2 自行绘制稳压电路原理图，绘图方法参考项目一。

2.3　自定义元件封装

和元件的原理图符号一样，我们在 99SE 的默认封装库中也找不到整流桥、发光二极管、10 uf 电解电容、LM78/79 以及 LM317/337 等器件的封装，需要我们自己设计。

在项目一中，我们讲了封装的定义，它是指电子元器件在电路板上安装的垂直投影，包含元件外形轮廓、尺寸大小、引脚类型、引脚个数、焊盘位置等信息，由于元件的类型多种多样，新器件层出不穷，有些元件在 99SE 的封装库中很难找到与之相适合的封装，甚至找不到封装，这就需要自己绘制。99SE 提供元件封装库编辑器，我们可以自行绘制需要的元件封装。

2.3.1　10 uf 小电解电容封装设计

圆柱直插式电解电容的封装在 99SE 的 PCB Footprints.lib 封装库中有 4 种：RB.2/.4、RB.3/.6、RB.4/.8 和 RB.5/1.0。但这 4 种封装的尺寸要比 10 uf 电解电容的尺寸略大，所以我们需要重新定义 10 uf 电解电容的封装。

10 uf 的电解电容用在三端可调稳压电路中，如图 2-30 所示。元件实际尺寸较小，在电路板上的投影是圆形，且焊盘的器件底部投影圆的直径是 200 mil，两个焊盘之间的间距是 100 mil。下面我们讲解该电解电容器封装设计的基本方法。

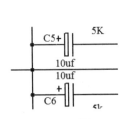

图 2-30　10 uf 小电容

1. 创建 PCB 封装库文件

打开我们之前创建的"自定义元件库.ddb"，在当前设计数据库中创建一个新的 PCB 封装库文件，命名为"自定义元件封装库.lib"，如图 2-31 所示。

图 2-31 创建 PCB 封装库文件

双击打开，可以看到 PCB 封装库编译器界面如图 2-32 所示。在图中，封装列表只有一个默认封装 PCBCOMPONENT_1，我们需要对名称进行修改，然后再绘制元件封装。

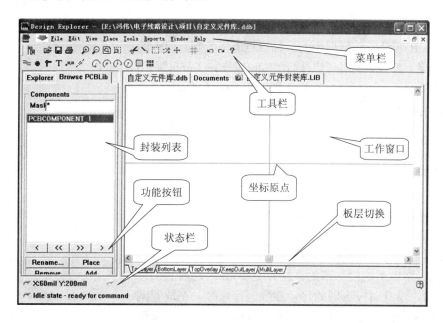

图 2-32 封装库编译器界面

2. 更改封装名

更改封装列表的封装名称有两种方法：

(1) 在封装列表中鼠标左键单击选中默认封装 PCBCOMPONENT_1，执行"Tools(工具)→Rename Component(重命名)"菜单命令。

(2) 在封装列表中鼠标左键单击选中默认封装，然后单击鼠标右键在下拉菜单中选择 Rename(重命名)。

将当前封装名称命名为 RB.1/.2。".1"表示电容器两个引脚之间的间距是 0.1 in，即 100 mil；".2"表示投影圆形的直径是 0.2 in，即 200 mil，这样修改主要是为了与 99SE 封装库中电容器的封装名称命名一致。

3. 绘制投影边界

在工作窗口中将图纸放大，将电路板层切换到 Top Over Layer(顶层丝印层)，以图纸原点为坐标中心，单击放置圆弧工具 ⟨⟨⟨⟨⟨⟩⟩⟩⟩⟩，鼠标光标变成"十"字形时，移动光标到坐标原点，单击鼠标左键，移动鼠标放置一个完整圆形，单击鼠标右键取消当前操作，结果如图 2-33 所示。

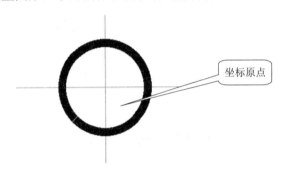
坐标原点

图 2-33 放置圆形边界

注：元件封装应该根据元件的实际投影尺寸进行绘制。尺寸数据可以通过查元件的器件手册获取，也可以通过油标长尺进行测量。

元件封装必须在 PCB 封装库编译器中的坐标原点周围绘制，原点的坐标是(0,0)点，原点如果不好找，这时可以执行"Edit(编译)→Jump(跳转)→Reference(原点)"菜单命令，这时鼠标光标所指向的点就是坐标原点。

注意：元件封装的标记信息必须在丝印层绘制。

圆弧放置命令有 4 个，这 4 个都可以放置圆形或者圆弧，但功能有所不同。

⟨⟩：指以圆上的某点为中心，放置一段圆弧。

⟨⟩：指以某点为圆心，放置一段圆弧。

⟨⟩：指以圆上某点为中心，放置一个完整圆形。

⟨⟩：指以某点为圆心，放置一个完整圆形。

我们在绘制完整圆形时一般用 ⟨⟩ 工具。

10 uf 电解电容在电路板上的投影圆的直径为 200 mil，之前我们绘制的圆弧是随意放置的，没有对投影圆的尺寸参数进行修改。在放置圆形边界完成后，把光标移动到圆形边界上方，双击鼠标左键，进入圆弧属性参数设置对话框，如图 2-34 所示。

在圆弧属性参数设置中，线宽默认为 10 mil，所在层应该在 TopOver Layer(顶层丝印层)。我们需要设置圆半径为 100 mil，其余为默认值即可。参数设置完成后单击 OK 确定。

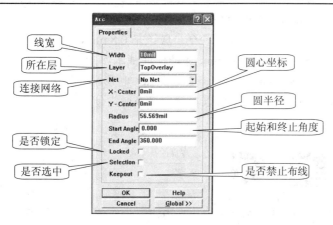

图 2-34　圆弧属性设置对话框

4. 放置焊盘

电容的引脚是针脚，引脚直径为 0.6 mm。
鼠标左键单击 焊盘放置工具，移动鼠标，
在圆形边界内放置焊盘，两个焊盘的位置在 X
轴上，且间距为 100 mil。我们可以先不管焊
盘的具体位置，先在 X 轴上放置焊盘，如图
2-35 所示。

图 2-35　放置焊盘

可以看出，焊盘内部有标注序号。把鼠标
光标移动到左边焊盘上方，双击鼠标左键，出现焊盘属性设置对话框，
如图 2-36 所示。属性设置对话框中有三个选项卡，第一个是属性选项卡，
一般用来设置焊盘的参数。单位默认为 mil，要切换到 mm 的话，需要
关闭当前对话框，按键盘 Q 键切换单位，然后再双击焊盘。

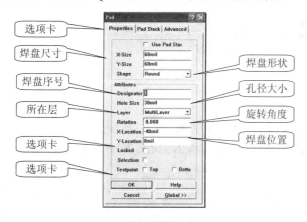

图 2-36　焊盘属性设置对话框

一般对于不同类型的元件，引脚类型也不同，那么焊盘的外形也不
同。对于大多数直插器件而言，引脚大多数也都是针脚，那么我们需要
考虑的是焊盘的 Hole Size(孔径大小)、X-Size 和 Y-Size(外径大小)，及
X-Location 和 Y-Location(位置坐标)等信息。一般焊盘的孔径至少要大于

引脚直径，至少超过引脚直径 0.2 mm，外径至少是孔径的 2 倍。比如，10 uf 电解电容引脚的直径是 0.6 mm，那么焊盘孔径至少应该是 0.8 mm，才能保证元件正常安装。焊盘的外径至少为 1.6 mm，才能保证基本焊接。

　　焊盘的形状有三种类型：Round(圆形)、Rectangle(矩形)和 Octagonal(八角)，如图 2-37 所示。焊盘的类型可以自行选择，通常使用 Round 类型。

注：焊盘外径应至少是焊盘孔径的 2 倍，若元件引脚间距的空间允许，也可适当增加焊盘外径，以便焊接。

图 2-37　THT 焊盘类型

　　10 uf 电容封装的焊盘参数如下，左边焊盘的位置在 X 轴 −50 mil 处，即坐标为 (−50 mil, 0)，右边焊盘位置在 X 轴 +50 mil 处，即坐标为 (50 mil, 0)。焊盘放置完成后，修改焊盘的尺寸大小，将焊盘的孔径设置为 30 mil，外径设置为 70 mil，如图 2-38 所示。

注：利用坐标修改的方法可以做到精确放置焊盘。需要注意英制和公制单位的换算关系。

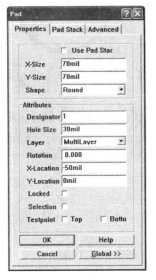

图 2-38　焊盘属性修改

　　封装设计中，焊盘的序号应该和原理图中元件符号的引脚序号相一致。比如 10 uf 电容的原理图符号引脚序号是 1 和 2，如图 2-39 所示，

图 2-39　修改好的焊盘参数

注：元件封装后，焊盘序号必须与元件原理图符号的引脚序号保持一致，且极性相同，否则在加载网络表时会出错。

那么在设计的封装中，焊盘序号也应该是 1 和 2。这个对应关系如果有错误，在设计 PCB 时，就会出错。从图 2-39 中的电容原理图符号可以看出，1 脚是电容器的正极。在一般有极性标注的元件封装设计中，元件封装中也应该体现元件的极性安装方向，避免装配错误。

5. 添加注释信息

在 1 号焊盘的上方，放置"+"来表示正极，用来确认装配方向。鼠标左键单击绘图工具栏文本放置工具 [T]，光标变成"十"字形时，按键盘 Table 键进入文本属性设置对话框，如图 2-40 所示。

将 Text 内容改为"+"号，移动鼠标，将此标记放置在 1 号焊盘的上方。封装中的注释信息也在 Top Over Layer(顶层丝印层)。绘制完成的 10 uf 电解电容封装如图 2-41 所示。保存后，一个完整的 10 uf 电解电容器的封装就设计完成了。

图 2-40　文本属性设置对话框

图 2-41　设计好的小电解电容封装

2.3.2　发光二极管的封装设计

发光二极管封装设计

发光二极管是一类常用的显示器件，市面上常见的发光二极管有圆柱体和立方体；装配方式有直插和贴片；颜色也多种多样。市面上常见的直插发光二极管的外形如图 2-42 所示。一般作显示用的圆柱直插式发光二极管的投影圆直径有两个参数：3 mm 和 5 mm，两个引脚之间的间距为 100 mil。发光二极管的封装可以在之前创建好的元件封装库中找到，执行"Tools(工具)→NewComponent(新元件)"菜单命令，进入新元件封装设计向导对话框，如图 2-43 所示。

图 2-42　发光二极管外形

图 2-43　元件封装设计向导对话框

在图 2-43 中，单击 Cancel 按钮取消向导操作，这时在元件封装列表中出现了一个新封装，如图 2-44 所示。将新封装的名称改为 LED5。

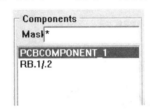

图 2-44　新封装

在工作区域找到坐标原点，适当将图纸放大，利用放置圆形工具在丝印层绘制器件的投影边界，半径设置为 2.5 mm。通过焊盘放置工具，在 X 轴放置两个焊盘，两个焊盘之间的间距为 100 mil。修改焊盘属性，焊盘的外径设置为 2 mm，孔径设置为 1 mm。对照原理图发光二极管符号的引脚序号，将焊盘序号命名为 A 和 K，如图 2-45 所示。

图 2-45　发光二极管封装

A 表示发光二极管的阳极，K 表示发光二极管的阴极，这与发光二极管的原理图符号的引脚序号一致。为了能够更好地进行装配，发光二极管的封装也需要在此基础上绘制一些符号来表示装配信息。我们可以在丝印层通过导线绘制工具 ≈ 绘制相关标识信息。最后，设计完成的发光二极管封装 LED5 如图 2-46 所示。

按照相同的操作方法，绘制直径 3 mm 的发光二极管的封装，封装命名为 LED3。该发光二极管投影圆形的直径为 3 mm，两个引脚之间的尺寸是 100 mil。焊盘孔径、外径参数设置与 LED5 封装相同，焊盘的序号也是 A 和 K，如图 2-47 所示。

注：封装上设有丝印标识，为装配过程提供方便。

图 2-46　绘制完成的 LED5 封装

图 2-47　绘制完成的 LED3 封装

2.3.3　整流桥封装设计

在图 2-1 所示的三端固定稳压电源电路中，整流部分用到的是整流桥，这个元件的封装在默认库中也没有。市面上常见的整流桥外形有片式直插、圆柱式直插和方形贴片等，如图 2-48 所示。

整流桥封装设计

图 2-48　常见的整流桥外形

我们以一个 3A 片式直插整流桥为例，讲解整流桥封装的设计方法。3A 片式直插整流桥的外形和尺寸参数如图 2-49 所示。

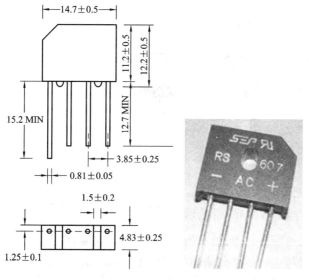

图 2-49　整流桥尺寸参数(单位：mm)

在绘制封装时，我们主要考虑元件的垂直安装投影，从图 2-49 中可以看出，这个整流桥的投影边界是一个矩形，且有四个引脚，对应的焊盘应在投影边界矩形内部。在元件封装库中新建一个封装，命名为 BRIDGE1。大家可以参照之前的封装绘制步骤，按照图 2-49 所给出的尺寸参数绘制整流桥的封装。参考封装如图 2-50 所示。

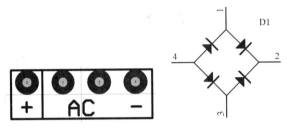

图 2-50　整流桥封装

在绘制整流桥封装的时候要注意：因为整流桥引脚的直径至少有 0.81 mm，所以孔径应设置为 1 mm，外径设置为 2.5 mm，这样方便插装和焊接。焊盘的序号要根据整流桥原理图符号的引脚序号来确定，且焊盘在放置时，不在矩形边界的水平中心，焊盘中心距上边界 1.25 mm。中间两个焊盘连接交流输入，2 号焊盘是正极输出，4 号是负极输出。

2.3.4　稳压器封装设计

对于 LM78XX/79XX 和 LM317/337 来说，直插方式的稳压器在外形尺寸上是相同的，都是 TO-220 封装，如图 2-51 所示。所以在 PCB 上如果垂直安装的话，封装可以是相同的。不过对于稳压器件而言，工作时由于电流较大，使用时要安装散热器，防止器件正常工作时因热量过高而损坏。

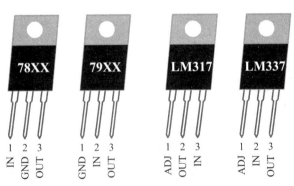

图 2-51　三端固定稳压器和可调稳压器

一般情况下，会将稳压器和所带散热器的封装结合设计。散热器有很多种类型，通常情况下散热器越大，散热效果越好，但是体积和其在 PCB 上所占的面积也会增大。从图 2-52 中可以看到 PCB 板上带散热器的稳压器件。

图 2-52 带散热器的稳压器件

我们这里给出一个典型的 TO-220 元件对应散热器尺寸图，如图 2-53 所示。

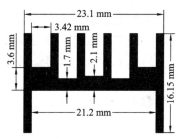

图 2-53 散热器尺寸

三端稳压器的尺寸参数如图 2-54 所示，单位为 mm。这个尺寸参数可以从三端稳压器的数据手册中找到。

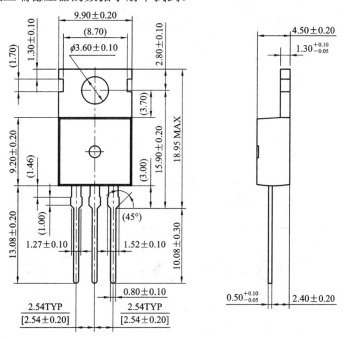

图 2-54 稳压器 TO-220 封装尺寸参数

结合散热器和三端稳压器的尺寸参数,绘制带散热器的稳压器封装,在自定义元件封装库中,新建元件封装,命名为 TO-220A。参考封装图形如图 2-55 所示。

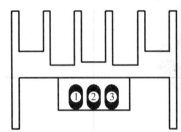

图 2-55　带散热器的稳压器封装

2.3.5　接口封装设计

在直流稳压电源电路中使用三端接口,这个主要是为了方便连接变压器次级输出。接口封装在默认库中可以找到,是 SIP 系列,但是该系列的封装中相邻焊盘之间的尺寸是 100 mil,且焊盘孔径较小,需要我们重新设计接口封装。

我们所要设计的接口器件的外形和尺寸参数如图 2-56 所示。

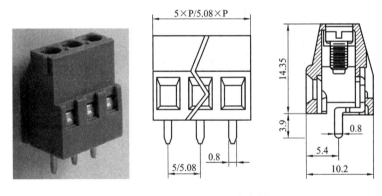

图 2-56　接口外形及尺寸参数

在自定义封装库中,执行"Tools(工具)→NewComponent(新元件)"菜单命令,创建两个新封装,接口封装分别命名为 SIP2_0.2、SIP3_0.2,一个是两端插头,一个是三端插头。大家可以按照前述封装的设计步骤,按照图 2-56 所给出的尺寸参数绘制,绘制完成的接口封装如图 2-57 所示。

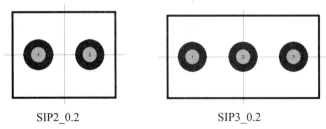

SIP2_0.2　　　　　　　　　　　　SIP3_0.2

图 2-57　设计好的接口封装

THT 元件封装设计步骤：

(1) 在元件封装库编辑界面中找到坐标原点，根据元件尺寸参数，在 Top Over Layer(顶层丝印层)绘制元件的投影轮廓；

(2) 确定焊盘坐标位置，根据元件引脚尺寸确定焊盘孔径和外径；

(3) 重新标记焊盘序号，与元件原理图符号引脚序号一致；

(4) 在 Top Over Layer 绘制元件的极性信息或特殊标记，以方便安装。

2.4　直流稳压电源电路的 PCB 设计

上一节讲解了小电解电容，发光二极管、整流桥、三端稳压器和三端接口等元件的封装设计以及稳压电源电路中其它元件的封装在默认封装库中都能找到，下面我们讲解稳压电源电路的 PCB 设计。

2.4.1　添加元件封装库

打开"直流稳压电源电路.ddb"设计数据库中的"三端固定稳压电源电路.sch"，根据表 2-2 内容添加元件封装。

表 2-2　三端固定稳压电源电路元件封装

元件标号	封装名称	元件标号	封装名称
AC_IN，DC_OUT	SIP3_0.2	C1，C2	RB.3/.6
D1	BRIDGE1	C5，C6	RB.2/.4
C3，C4，C7，C8	RAD0.2	U1，U2	TO-220A

添加元件封装,创建网络表,在该设计数据库中创建一个 PCB 文件，命名为"三端固定稳压电源电路.pcb"，如图 2-58 所示。

图 2-58　新建"三端固定稳压电源电路.pcb"文件

打开创建好的 PCB 文件，进入 PCB 编辑器界面，如图 2-59 所示。

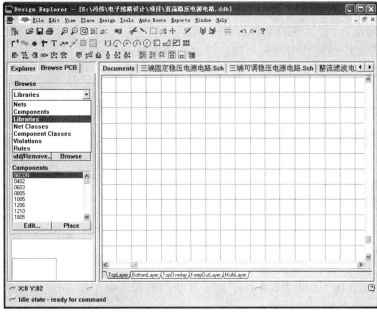

图 2-59　PCB 编译器界面

在 Browse(浏览)中选择 Libraries(库文件)，可以看出封装库列表中只有 PCB Footprints.lib 封装库，如图 2-60 所示。

单击封装库列表下方的"Add/Remove(添加/移除)"按钮添加封装库。系统弹出添加 PCB 库文件对话框，如图 2-61 所示。

图 2-60　封装库列表　　　　　图 2-61　封装库加载

在电脑中找到我们之前设计的"自定义元件库.ddb"文件，选中后，单击 Add 添加，然后单击 OK 确认。可以看出，我们之前在"自定义元件库.ddb"中创建的"自定义元件封装库.lib"已经加载进来了，而且在封装列表中也能找到我们自己之前定义的元件封装，如图 2-62 所示。

加载完封装库，执行"Design(设计)→LoadNetlist(加载网络表)"菜单命令，加载"三端固定稳压电源电路.net"，检验网络表中有无错误，如果有，则需要在原理图中对错误进行修改。网络表加载如图 2-63 所示。

 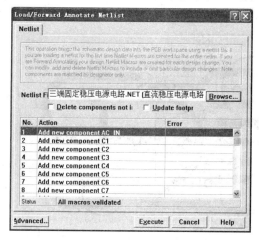

图 2-62　加载后的封装库列表　　　图 2-63　加载网络表

如果没有错误，点击 Execute 执行即可。这时能够在 PCB 编译器中找到加载后的元件封装图形，如图 2-64 所示。

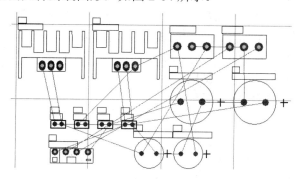

图 2-64　加载网络表后的元件

加载完网络表我们就可以对元件进行布局和布线操作。三端固定稳压电源电路的 PCB 设计的具体要求如下：

(1) 单面板对称布局，正、负电源稳压线路器件对称布局，元件之间的距离要合理。

(2) 线宽要求：地线宽度不小于 2 mm，电源线宽度不小于 1.8 mm，其余导线宽度不小于 1.5 mm。

(3) 在电路板四角放置固定螺丝孔，孔径为 3 mm，外径为 4 mm；焊盘中心距电路板边界 3.5 mm。

(4) 电路板尺寸不能超过 60 mm × 100 mm。

从图 2-1 中可以看出，三端固定稳压电源电路是一个正、负电源对称的电路，所以在 PCB 设计时我们也可以对称设计，这样做可以将正、负电源电路的相关元件分开，使安装、维修更方便。具体的 PCB 设计过程可以参考项目一，图 2-65 给出了三端固定稳压电源电路的参考 PCB

设计图。在图中，正、负电源电路对称布局，在这个 PCB 设计中，为了能够方便排列元件，将默认库中电解电容封装的正极标识进行了修改，同时修改了整流桥封装中间两个焊盘的尺寸，让地线能够更好的通过。

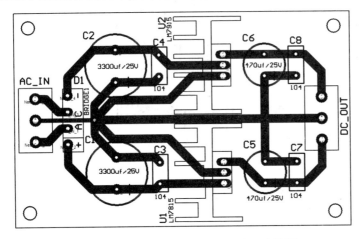

图 2-65　三端固定稳压电源 PCB 布局布线图

注：PCB 对称布局时，可重新定义原点，修改对应元件的坐标参数完成对称布局。

走线相对较宽，因为这个电源板上的导线基本都是大电流，所以在 PCB 板空间足够的情况下，应尽量增加导线线宽。PCB 布局完成后，设计机械边框，在电路板的四周放置 4 个孔径为 3mm 的焊盘，方便安装铜柱作支撑处理。稳压电源电路 PCB 设计时，要注意导线的走向，因为电流方向是"交流输入→整流桥→滤波电容→稳压器件→输出滤波→直流输出端"，所以在布线时应该也按照此方向进行。

2.4.2　封装修改

如果在 PCB 设计中，我们对有些元件的封装不满意，可以在库文件编译器中进行修改。这里以电解电容封装为例讲解封装的修改方法。

1. 定位

在 PCB 编译器界面中，找到 PCB Footprints.lib 库中所需要修改的电解电容封装 RB.2/.4，如图 2-66 所示。单击封装列表下方的 Edit 按钮，进入封装库编辑器界面，如图 2-67 所示。

图 2-66　找到 RB.2/.4 封装

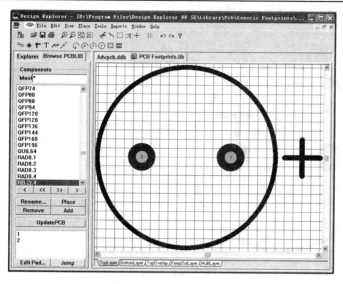

图 2-67 封装库编译器

2. 修改原点和标记信息

在默认库中，封装都是以 1 号焊盘为坐标原点，而通常在使用中，这样的封装在进行旋转、坐标位置设置等操作时都不方便，我们可以将对称元件的封装设置为电解电容器投影圆形的圆心，同时把"+"标示放在 1 号焊盘上方。

修改原点的方法：执行"Edit(编辑)→Set Reference(设置原点)→Center(中心)菜单"命令，可以直接把坐标原点设置为圆心。

鼠标左键移动"+"标示，放在 1 号焊盘上方，如果移动过程感觉最小间距过大，执行"Tools(工具)→LibraryOptions(库操作)"菜单命令，进入图纸参数设置对话框，如图 2-68 所示。

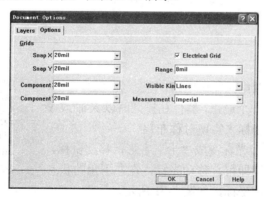

图 2-68 图纸参数设置对话框

将 Options 选项卡中的 Snap(最小移动间距)和 Component(最小元件移动间距)都改为 10 mil。这个值设置越小，每次最小移动的间距越短，不过 10 mil 已经够用了。然后再重新修改"+"标示的位置。修改后的 RB.2/.4 封装如图 2-69 所示。

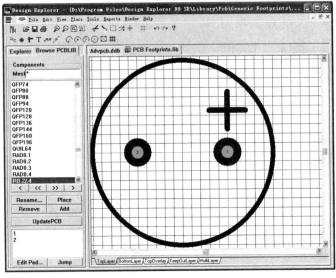

图 2-69　修改后的 RB.2/.4 封装

同样的操作，我们可以将 RB 系列所有的电容封装都设置为与 RB.2/.4 相同的类型。

3. 保存

修改元件封装完成后，应及时保存。鼠标左键单击主工具栏保存工具 ⊞，保存当前操作。

4. 关闭原理图编译器

保存完成后，关闭当前封装编译器界面。注意在右上角关闭窗口工具中，关闭当前文件，如图 2-70 所示。修改完成的封装只需要重新调用即可使用。

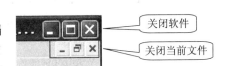

图 2-70　关闭已打开的文件

2.4.3　精准的 PCB 对称布局

三端固定稳压电源电路是一个双电源输出电路，正、负对称。所以我们可以在 PCB 设计时，预先设置一个原点，器件在排列时以 X 轴或 Y 轴为对称中心，通过设置元件位置坐标来实现对称布局。

PCB 对称布局

鼠标左键单击原点设置工具 ⊠，光标变成"十"字形，移动鼠标，在需要置为原点的位置单击鼠标左键即可。移动光标，在左下角的状态栏中就能看到当前光标所指示位置的坐标，如图 2-71 所示。

在这个设置中，我们将 AC_IN 的第 2 焊盘设置为坐标原点。这时，放置元件后可以双击元件，在出现的属性对话框中就可以设置元件的坐标位置，如图 2-72 所示。

我们在设计三端固定稳压电源电路时，可以将正、负电源电路相关元器件以 X 轴对称布局。三端可调稳压电源电路的 PCB 设计可以参考

三端固定稳压电源电路设计，如图 2-73 所示。这里面给出元件的封装列
表及设计规则。

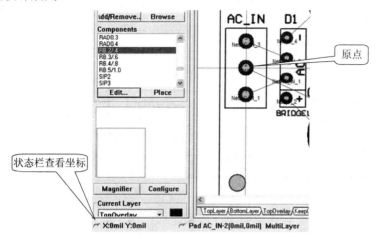

图 2-71 坐标查看

图 2-72 元件坐标设置

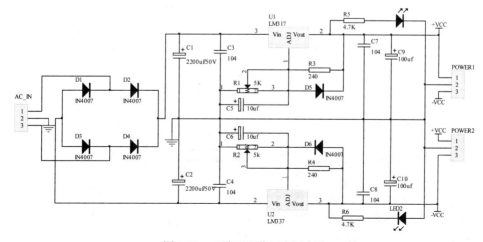

图 2-73 三端可调稳压电源电路

三端可调稳压电源电路元件封装见表 2-3。

表 2-3　三端可调稳压电源电路元件封装列表

元件标号	封装名称	元件标号	封装名称
AC_IN POWER1 POWER2	SIP3_0.2	R1，R2	VR5
D1-D6	DIODE0.4	R3，R4，R5，R6	AXIAL0.4
C1，C2	RB.3/.6	C9，C10	RB.2/.4
C3，C4，C7，C8	RAD0.2	C5，C6	RB./.2
LED1，LED2	LED3	—	—

PCB 设计的具体要求：

(1) 单面板对称布局，正、负电源稳压线路器件对称布局，元件之间的距离要合理。

(2) 线宽要求：地线宽度不小于 2 mm，电源线宽度不小于 1.8 mm，其余导线宽度不小于 1.5 mm。

(3) 在电路板四角放置固定螺丝孔，孔径 3 mm。

(4) 电路板尺寸不能大于 8 cm × 16 cm。

在三端可调稳压电源电路 PCB 设计中，需要注意以下问题：

(1) 电路原理图中的二极管 D1～D6，在 PCB 设计中使用 DIODE0.4 封装，但是二极管原理图符号的引脚序号与 DIODE0.4 的标示不相同，如图 2-74 所示。

图 2-74　二极管的原理图符号和封装

我们在使用时需要将这两者的引脚序号改一致，可以对默认封装库中二极管的封装 DIODE0.4 进行修改，将焊盘序号改为 1 和 2，这样就与原理图符号对应了，否则在加载网络表时会出现错误。

(2) 可调电阻的引脚序号修改。可调电阻引脚序号修改结果见图 2-75。

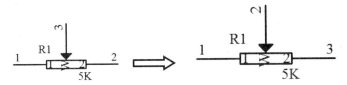

图 2-75　修改可调电阻引脚序号

修改可调电阻引脚序号的原因在于，我们一般使用的 3296 式可调电阻的外形如图 2-76 所示，它有三个引脚，中间引脚是调节端，两边引脚是固定端，修该完成后，原理图中所使用的可调电阻的引脚序号才与实际元件对应。

图 2-76　3296 式可调电阻外形

2.5　PCB 设计中的一些技巧

2.5.1　焊盘补泪滴

在一般的 PCB 设计中，如果导线比较细，焊盘较小，为了保证焊盘与导线的可靠连接，有的时候需要进行补泪滴操作，图 2-77(a)和图 2-77(b)分别是没有补泪滴和补泪滴后的导线连接。

焊盘补泪滴

注：补泪滴操作应
　　在 PCB 布线完
　　成、检查无误
　　后再进行。否
　　则，如果 PCB
　　布线有误，重
　　新修改补泪滴
　　会非常麻烦。

(a) 没有补泪滴　　　　(b) 补泪滴

图 2-77　焊盘连接的正常类型和补泪滴

补泪滴操作方法：执行"Tools(工具)→Teardrops(补泪滴)"菜单命令或直接利用键盘快捷操作 T→T，系统弹出补泪滴操作对话框，如图 2-78所示。

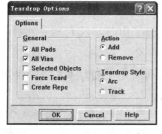

图 2-78　补泪滴操作对话框

使用默认参数，单击 OK 即可。补泪滴操作主要保证焊盘与导线的可靠连接，因为在焊接时，焊盘的温度会升高，如果导线很细，温度升高会使导线上的黏结剂因升温而黏度下降，容易脱落，而补泪滴操作会增大导线与焊盘连接处的面积，降低导线断裂的可能性。补泪滴操作只有在导线线宽较细的场合才适用，如果导线比较宽，补泪滴效果不明显。

2.5.2　布线规则设置

为了能够更好地设计 PCB，需要对设计规则相关选项进行合理的设置。在这里我们简单介绍 99SE 中 PCB 设计的相关规则。

在 PCB 编译器中，执行"Design(设计)→Rules(规则)"菜单命令，系统弹出设计规则对话框，如图 2-79 所示。该对话框中有 6 个选项卡，在这里我们讲解经常使用的 Routing(布线)选项卡。

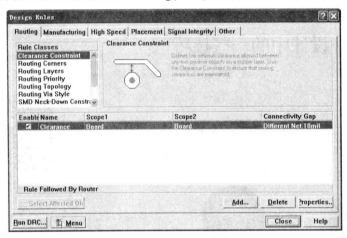

图 2-79　设计规则对话框

Routing 即布线规则选项卡，用来规定 PCB 设计中的走线宽度、安全间距、走线方式等规则，此选项卡中共有 7 条规则：

(1) Clearance Constraint：安全间距。此规则规定了在 PCB 设计中不同网络导线之间、元件之间的最小安全间距，默认值为 10 mil，可以在规则中进行修改。

(2) Routing Corners：布线角度。此规则规定了布线的拐弯角度，有三种类型，可以在规则中进行设置。不过一般在手工布线时也可以通过快捷键进行修改。

(3) Routing Layers：布线层。此规则规定了电气导线可以在哪个层放置，一般在自动布线时需要用到。

(4) Routing Priority：走线优先级。此规则规定了自动布线中不同网络导线敷设的先后顺序。

(5) Routing Topology：走线拓扑。此规则规定了自动布线中同一网络导线之间的拓扑结构，有 5 种类型，分别为最短、水平、垂直、单线、星型。

(6) Routing Via Style：过孔类型。此规则规定了过孔在放置中的基本参数。

(7) Width Constraint：走线宽度。此规则规定了 PCB 布线时的走线

注：手工 PCB 布线中，需重点考虑安全间距和走线宽度。

宽度，默认值为 10 mil。

一般，我们在 PCB 设计时，安全间距的最小值不能小于 10 mil，走线宽度一般按照电路板中导线的过电流能力和实际生产中覆铜板的铜箔厚度确定，具体可以参考表 1-2。

项 目 总 结

本项目主要通过直流稳压电源电路的设计，讲解自定义原理图符号、自定义元件封装和对称电路的 PCB 布局。

自定义原理图符号的一般步骤：

(1) 在设计数据库中创建原理图库文件；

(2) 在原理图库文件编译器界面执行"Tools(工具)→NewComponent(新元件)"命令，创建新元件，重新命名；

(3) 通过绘图工具绘制元件外形；

(4) 放置元件引脚，更改元件引脚名称和序号；

(5) 保存；

(6) 添加新建库文件，添加元件。

在自定义元件时，要特别注意引脚的方向，电气节点应该朝外。自定义元件封装的一般步骤：

(1) 在设计数据库中创建元件封装库；

(2) 在元件封装库编译器界面执行"Tools(工具)→NewComponent(新元件)"命令，创建新元件封装，重新命名；

(3) 在丝印层绘制元件的投影边界，注意尺寸大小；

(4) 在引脚对应位置放置焊盘，修改焊盘大小及序号；

(5) 在丝印层放置标识字符；

(6) 保存；

(7) 添加新建库文件，添加元件。

在元件封装设计中，一定要注意电路板层的选择，不同的操作对象所在的层不同。

在电源类电路板的 PCB 布局与布线中，要重点考虑电流的流向及各条分支导线上的电流大小。

实 践 训 练

 ## 实践训练一：元件原理图的符号设计

【训练目标】

熟悉 Protel 99SE 基本操作，掌握利用 Protel 99SE 软件绘制自定义元件原理图符号的方法，熟悉元件库文件编辑器的使用。

【训练流程】

(1) 打开"自定义元件库.ddb"中的"自定义元件原理图库.lib"，创建新文件，元件名称根据题目要求确定。

(2) 根据元件的功能，绘制元件原理图符号。

(3) 放置元件引脚，更改元件序号和元件名称。

(4) 保存并使用。

【训练题目】

(1) 设计 4 位一体数码管的原理图符号，元件命名为 7SEG_4LED，4 位一体数码管的实物图和原理图符号如图 2-80 所示。

图 2-80　4 位一体数码管实物图和参考原理图符号

(2) 设计单刀双掷继电器原理图符号，元件命名为 5VSPDT_1，单刀双掷继电器的实物图和原理图符号如图 2-81 所示。

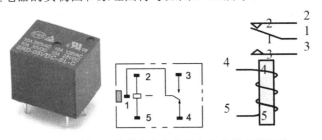

图 2-81　单刀双掷继电器实物图和参考原理图符号

 实践训练二：元件封装设计

【训练目标】

熟悉 Protel 99SE 软件的基本操作，掌握利用 Protel 99SE 软件绘制自定义元件封装的方法，熟悉元件封装库文件编辑器的使用。

【训练流程】

(1) 打开"自定义元件库.ddb"中的"自定义元件封装库.lib"，创建新文件，封装根据题目要求命名。

(2) 根据元件实际尺寸，绘制元件的投影轮廓。

(3) 根据元件引脚的尺寸，放置焊盘，修改焊盘孔径及外径大小。

(4) 修改焊盘序号，使其与对应的原理图符号的引脚序号相一致。

(5) 保存并使用。

【训练题目】

(1) 设计 5 V 单刀双掷继电器封装，命名为 RELAY_5 V。该继电器尺寸参数如图 2-82 所示，单位为 mm。

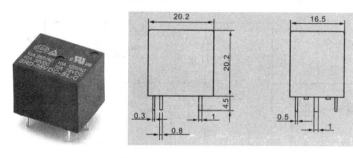

图 2-82　继电器尺寸参数

(2) 设计 7 段数码管封装，命名为 7SEG_LED。该数码管的尺寸参数如图 2-83 所示，单位为 mm。

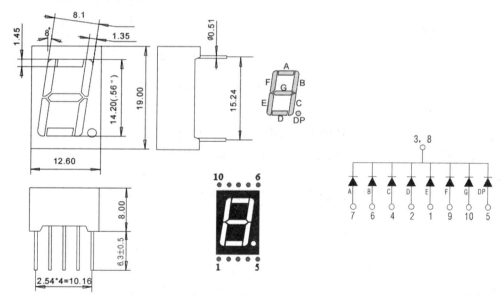

图 2-83　数码管尺寸参数

 ## 实践训练三：PCB 设计

【训练目标】

熟悉 Protel 99SE 软件的基本操作，掌握利用 Protel 99SE 软件完成从电路原理图到 PCB 的设计过程，熟悉对称电路的 PCB 布局布线方法。

【训练流程】

(1) 根据训练题目，绘制电路原理图。

(2) 对电路原理图进行 ERC 校验，检查是否存在错误。

(3) 创建网络表。

(4) 根据训练题目要求，完成 PCB 设计。

【训练题目】

15 V 双电源稳压扩流电源电路，其电路原理图如图 2-84 所示。

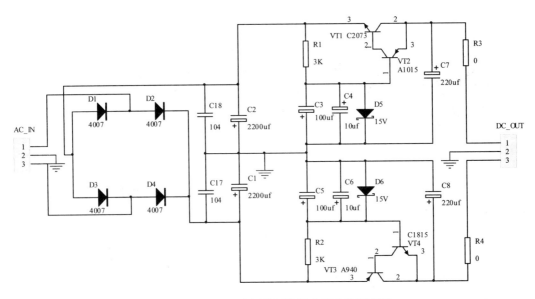

图 2-84　15 V 双电源稳压扩流电源电路原理图

PCB 设计要求：

(1) 单面板布局和布线，PCB 中正、负电源电路部分对称布局。

(2) 走线宽度最小为 2 mm，电源线和地线适当加宽。

(3) 元件封装见表 2-4 所示。

表 2-4　15 V 双电源稳压扩流电源电路元件封装

元件	封装	元件	封装	元件	封装
电阻	AXIAL0.4	C1/C2	RB.4/.8	C17/C18	RAD0.2
D1-D6	DIODE0.4	C3/C5/C7/C8	RB.2/.4	VT1/VT3	TO-126
三端接口	SIP2_0.2	C4/C6	RB.1/.2	VT2/VT4	TO-92A

　　注意：在表 2-4 中，SIP2_0.2 和 RB.1/.2 封装是我们在本项目中自行设计的，需要加载后才能使用。其余封装在 99SE 的封装库 PCB Footprints.lib 中都能找到。C2073/A940、C1815/A1015 三级管的外形和引脚标识请自行查找。

项目三　8051 红外遥控控制电路

3.1　项目概述

　　8051 红外接收电路以 AT89C2051 为核心控制器件，使用 38 kHz 红外一体化接收头接收红外信号，控制继电器切换和小型直流电机正反转。实现电机正反转的 H 桥电路使用 8050 和 8550 三极管。

　　8051 红外接收电路原理图(如图 3-1 所示)与我们之前绘制的电路图不一样，区别在于导线变少了。这里用了一种新的绘图方法：网络标记绘图法。在电路原理图绘制中，如果一幅电路原理图中的器件比较多，连线比较复杂，绘制完成后再查看会很乱，很繁琐。为了解决这个问题，99SE 中提供了利用网络标记绘图的方法，如图 3-2 所示。

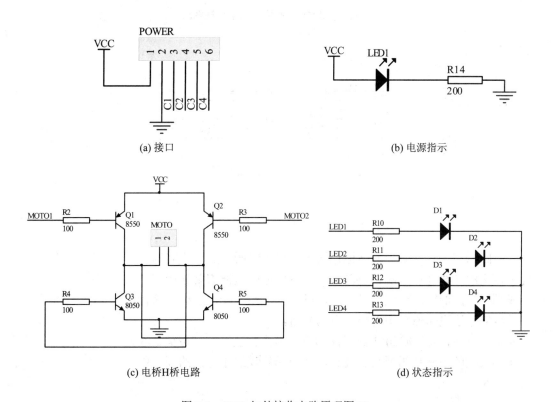

(a) 接口

(b) 电源指示

(c) 电桥H桥电路

(d) 状态指示

图 3-1　8051 红外接收电路原理图(1)

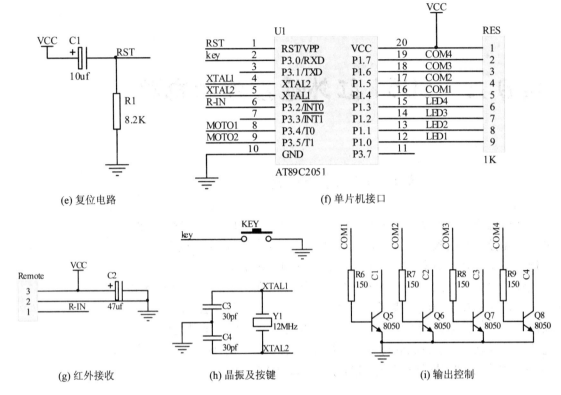

(e) 复位电路　　　　　　　　　　　　　　(f) 单片机接口

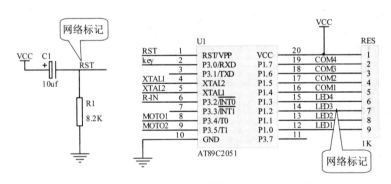

(g) 红外接收　　　　　　(h) 晶振及按键　　　　　　(i) 输出控制

图 3-1　8051 红外接收电路原理图(2)

图 3-2　网络标记

在电路原理图绘制中，网络标记用来标记导线所在的网络名称，同一网络标记的导线连在一起。说白了，网络标记就是把需要连接在一起的导线利用相同的网络标记加以标注，以表示连在一起，这样会简化电路图的绘制，让电路原理图看起来更加简洁。

在项目三中，AT89C2051 原理图的符号需要自己设计；按键、红外一体化接收头的封装也需要自己设计，其余元件我们在之前的项目中已经有所介绍。

3.2 8051 红外遥控接收电路原理图设计

在 8051 红外接收电路原理图中,三级管的符号与之前我们使用的三极管符号不相同,这个三极管的原理图符号在 Sim 库中,我们需要加载 Sim 库才能调用,其余元件在 Miscellaneous Devices.lib 中都能找到。

打开 99SE 软件,新建设计数据库,命名为"8051 红外接收电路.ddb",在当前新建的设计数据库中新建一个原理图文件"8051 红外接收电路.Sch"。

3.2.1 加载元件库

打开"8051 红外接收电路.Sch"文件,进入原理图编译器界面。在当前界面中,鼠标左键单击原理图库文件列表下方的 Add/Remove 按钮,如图 3-3 所示。进入库文件加载界面,如图 3-4 所示。

图 3-3 加载库文件　　　　　图 3-4 查找库文件路径

在加载 99SE 自带的原理图库文件时,需要找到文件的存储路径。99SE 软件自带的库文件存储路径与安装 99SE 软件的路径相同,而库文件在 Library 文件夹的 Sch 文件夹中。在 Sch 文件夹中找到 Sim 库添加即可,如图 3-5 所示。Sim 库有 28 个子元件库,这些元件库中的元件根据类别划分,如图 3-6 所示。Sim 库中所有的元件类型见表 3-1。

图 3-5　添加 Sim 库

图 3-6　加载 Sim 库后原理图编译器中库列表变化

表 3-1　Sim 库中包含元件类型

子库名	元件类型	子库名	元件类型
74XX.lib	74 系列数字电路逻辑器件	MISC.lib	混杂库
7SEGDISP.lib	七段数码管	OPAMP.lib	运算放大器
BJT.lib	三极管	OPTO.lib	光电系列
BUFFER.lib	缓冲器	REGULATOR.lib	电压调整器
COMP.lib	运算放大器	RELAY.lib	继电器
COMS.lib	CMOS 系列数字电路逻辑集成块	SCR.lib	可控硅
COMPARATOR.lib	比较器	SIMULATION.lib	各种模拟电路符号
CRYSTAL.lib	晶体振荡器	SWITCH.lib	可控开关电源
DIDODE.lib	二极管	TIMER.lib	定时器
IGBT.lib	三极管	TRANSFORMER.lib	变压器
JFET.lib	场效应管	TRANSSLINE.lib	传导线
MATH.lib	数学函数	TRIALC.lib	双向可控硅
MESFET.lib	场效应管	TUBE.lib	电子管
MOSFET.lib	场效应管	UJT.lib	可控硅

我们在绘制原理图时常用的元件库，除了 Sim 库外，还有一个是 Protel DOS Schematic Libraries.ddb 库。这个元件库中包含了数字逻辑器件、存储器、运算放大器、电压比较器等器件。

99SE 自带的库非常多，我们也没必要把每个库都了解到，市面上基本的器件在这三个库中都能找到，如果有些特殊器件找不到，可以直接自己定义。

8051 红外接收电路中的三极管在 Sim 库的 BJT 子库中，大家可以加载 Sim 库后先在原理图编译器界面的库列表中找到 BJT 子库，然后再查找所需要的三极管类型。

3.2.2　自定义元件

自定义元器件

8051 红外接收电路原理图中的 AT89C2051 原理图符号需要自己定义，自定义元件的方法我们在项目二中已经介绍过。在之前创建的"自定义元件库.ddb"中，找到"自定义原理图符号.lib"，在其中新建 AT89C2051 进行绘制，绘制的结果如图 3-7 所示。

不过这个元件在设计时需要注意一个设计问题。从图 3-7 中我们可以看出，第 6 脚和第 7 脚的引脚名称上有一条横线，这条横线用来表示逻辑"非"。在引脚参数输入时有一个技巧：我们在原理图库编译器界面绘制完元件外形，放置元件引脚同时要设置引脚参数，如图 3-8 所示。在设置第 6 脚和第 7 脚名称时，需要在出现逻辑"非"的每个字母(或数字)后面输入"\"，这时显示的就是逻辑"非"符号。设计好的 AT89C2051 原理图符号保存后，在原理图中加载就可以使用了。

注：定义引脚较多的元件时，可以从 1 号引脚连续放置，放置完成后再修改引脚名称。

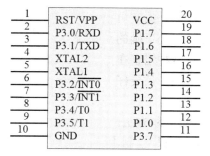

图 3-7　AT89C2051 电路原理图符号

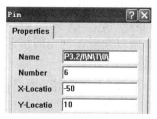

图 3-8　带逻辑"非"的引脚

3.2.3　绘制电路原理图

网络标记

带网络标号的原理图绘制时，我们可以将整个电路模块化，然后在需要添加网络标记的导线上放置网络标记即可。如 8051 红外接收电路原理图中的复位电路，我们可以先完成电路原理图绘制，如图 3-9 所示。然后鼠标单击布线工具栏中的网络标记工具，光标变成"十"字形，移动鼠标，放置网络标记在需要标记的导线上，单击鼠标左键放置，然后双击网络标记更改名称，如图 3-10 所示。

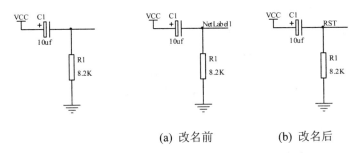

(a) 改名前   (b) 改名后

图 3-9 复位电路原理图 图 3-10 放置网络标记及修改名称

其实，在放置网络标记之前按 Tab 键也可以对网络标记的名称进行修改。

注意：网络标记是用来标记导线所在网络的，所以网络标记必须要标记在导线上或者元件引脚的电气节点上，否则这个网络标记是错误的。图 3-11 给出了两种常见的错误网络标记示例。

注：网络标记必须标记在具有电气节点的导线上或元件引脚的电气节点上。

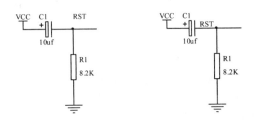

(a) 网络标记未连接 (b) 网络标记未连接电气节点

图 3-11 错误的网络标记

图 3-11(a)中的网络标记没有在导线上，而是在距离导线较远的空白处；图 3-11(b)中的网络标记放在了没有电气性能的引脚处，此处正确的放置点应在电气节点右侧的导线上方，如图 3-10(b)所示。这两种错误在 ERC 校验时都会有提示，所以读者在利用网络标记绘制完电路图后要仔细检查，并进行 ERC 校验(1.4.5 节)。

本节介绍了库文件的加载，元件制作，网络标记的原理图绘制方法。依此方法，就可以画出 8051 红外接收电路的原理图了，请大家自行绘制，这里不再赘述。

3.3 8051 红外遥控接收电路 PCB 设计

在设计 PCB 之前，我们首先要设计的是按键和红外一体化接收头的封装。

3.3.1 自定义元件封装

本项目中，按键和红外一体化接收头的封装需要自行设计。打开我们之前创建的"自定义元件库.ddb",找到"自定义封装库.lib"文件,在元件封装库编译器中新建元件,绘制按键和红外一体化接收头的封装,这两个器件的外形和尺寸参数如图 3-12 和图 3-13 所示。

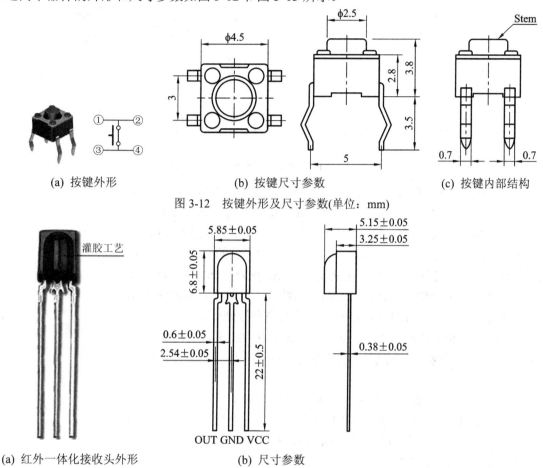

(a) 按键外形　　　　　　　　(b) 按键尺寸参数　　　　　　　　(c) 按键内部结构

图 3-12　按键外形及尺寸参数(单位：mm)

(a) 红外一体化接收头外形　　　　　　(b) 尺寸参数

图 3-13　红外一体化接收头外形及尺寸参数(单位：mm)

封装设计时,按键的封装命名为 SW_PB,红外一体化接收头的封装命名为 REM。

3.3.2　8051 红外遥控接收电路 PCB 设计

在之前的 PCB 设计中,我们都是先布局和布线,然后在绘制好的 PCB 外添加机械层边框。其实一般产品设计中,需要根据产品的外形和机壳的尺寸设计电路板的机械边界,也就是电路板的形状,然后在规定好的电路板外形的基础上进行布局布线。某些设计对电路中特殊元件的位置也有限制,所以在 8051 红外接收电路的设计中,我们先给出电路板的边界和发光二极管的位置,大家可以根据图 3-14 给定的尺寸参数进行设计。

机械层边框绘制

特殊元件位置处理

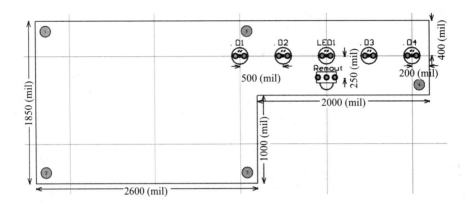

图 3-14　机械层边界尺寸和特殊元件位置

从图 3-14 中可以看出，8051 红外接收电路 PCB 的机械层边界已经给出，以 mil 作为单位。电路板上 5 个发光二极管和红外遥控接收头的位置也已经固定，同时在电路板上有 5 个螺丝定位孔，孔径 3.5 mm，外径 4 mm，距离电路板边界 3 mm。一般在给定参数尺寸的 PCB 板上绘制机械层时，先要确定原点位置，然后再进行绘制。在绘制 PCB 的过程中，先绘制机械层边界，然后加载网络表，最后对特殊元件的位置按照图 3-14 的尺寸要求放置，其余元件在电路板上进行布局布线处理。

注意：在 8051 红外接收电路的 PCB 设计中，应该以 AT89C2051 为核心器件，其余器件按照引脚之间的关系进行布局，尽量使线间距离最短。

8051 红外遥控接收电路 PCB 的布局布线要求如下：

(1) 单面板布局布线，电路板机械边框和特殊元件位置按照图 3-14 给出的参数进行放置，接口放在电路板的四周。

(2) 元件封装见表 3-2。

表 3-2　8051 红外遥控接收电路元件封装表

元件	封装名称	元件	封装名称
AT89C2051	DIP20	发光二极管	LED5
电阻	AXIAL0.4	三极管	TO-92A
POWER	SIP6	RES	SIP9
C1，C2	RB.1/.2	C3，C4	RAD0.1
KEY	SW_PB	Remote	REM
MOTO	AXIAL0.3	Y1	XTAL1

(3) 线宽：整个电路板的最小线宽不能小于 30 mil。在线宽设置中，地线和电源线的宽度应该尽量大一点。且电机 H 桥电路电流较大，这部分的导线线宽也应该增加。

3.4　带总线的原理图绘制

在某些电路原理图中,我们可以看到带总线的原理图设计,如图 3-15 所示。

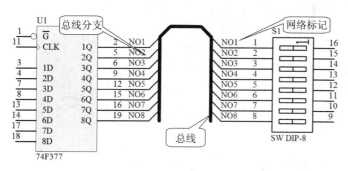

带总线原理图绘制

图 3-15　带总线原理图设计

在带总线的电路原理图绘制中,利用总线和网络标记共同来实现电路的电气连接。网络标记用来表示总线上的导线哪些是连在一起的。

带总线的原理图绘制基本方法如下:

(1) 放置元件。找到所要放置的元件,在合适的位置放置,如图 3-16 所示。

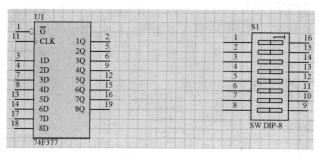

图 3-16　放置元件

(2) 放置总线。鼠标左键单击总线放置工具 📐 放置总线,如图 3-17 所示。

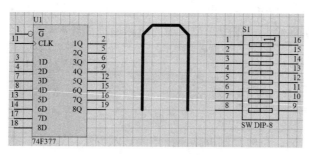

图 3-17　放置总线

（3）放置总线分支。在需要连接元件引脚处单击总线分支工具 放置总线分支，如图 3-18 所示。

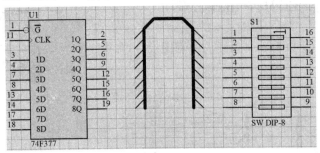

图 3-18　放置总线分支

（4）放置导线。利用导线工具 将元件引脚与总线分支连接在一起，如图 3-19 所示。

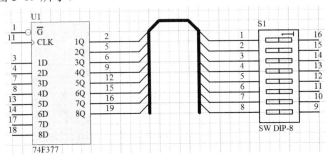

图 3-19　导线连接

（5）添加网络标记。利用网络标记工具 给导线添加网络标记，如图 3-20 所示。

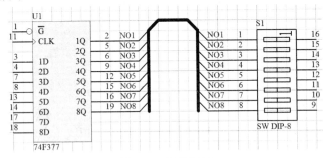

图 3-20　网络标记

按照以上所讲的 5 个步骤实际绘制一张图，带总线的电路原理图绘制的基本方法也就基本掌握了。

项 目 总 结

本项目主要讲解利用网络标记、总线绘制电路原理图的基本方法。我们在绘制电路原理图时，可以利用网络标记简化电路图，使整个电路看起来更加简洁。同时，我们学习了如何在给定的机械层边框内，兼顾给定元件的特殊位置来进行 PCB 布局和布线的设计。

大多数电子产品在设计时，需要根据产品的机壳或者包装尺寸来确定电路板的外形和尺寸参数，然后在确定好电路板机械尺寸的前提下，来进行布局和布线处理。但是在没有具体说明的情况下，可以使用最简单的矩形板。需要注意的是：将需要连接的接口器件最好放置在电路板的四周，以方便接线。

实 践 训 练

 实践训练一：带总线电路原理图绘制

【训练目标】

熟悉 Protel 99SE 基本操作，掌握 Protel 99SE 软件中利用网络标记和总线绘制电路原理图的基本方法。

【训练流程】

(1) 新建原理图文件，根据题目电路名称对其命名。

(2) 绘制电路原理图，熟悉带网络标记和总线的电路原理图绘制的基本方法。

【训练题目】

51 单片机存储器扩展电路如图 3-21 所示。

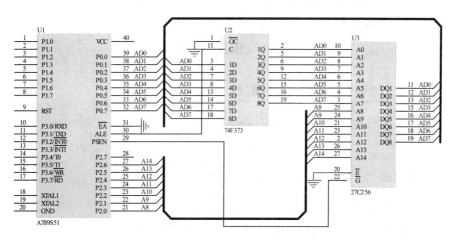

图 3-21　51 单片机存储器扩展电路

 实践训练二：PCB 设计

【训练目标】

熟悉 Protel 99SE 软件的基本操作，掌握 Protel 99SE 软件 PCB 设计的基本流程。

【训练流程】

(1) 新建原理图文件，根据题目电路名称对其命名。

(2) 新建元件 PT2262，并绘制电路原理图。

(3) 创建网络表。

(4) 根据要求设计 PCB。

【训练题目】

红外编码发射电路，如图 3-22 所示。

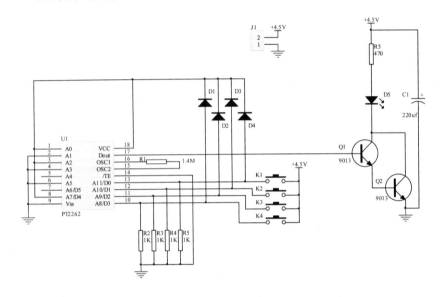

图 3-22　PT2262 红外发射电路

设计红外编码发射电路的 PCB，设计要求如下：

(1) 元件封装如表 3-3 所示。其中 LED5、SW_PB 封装是本项目所讲授的封装类型，需要自定义。

表 3-3　红外编码发射电路元件封装表

元件	封装	元件	封装
R1-R5	AXIAL0.3	Q1-Q2	TO-92A
D1-D4	DIODE0.4	K1-K4	SW_PB
D5	LED5	C1	RB.2/.4
U1	DIP18	J1	SIP2

(2) PCB 布局和布线要求：红外发射管 D5、电源接口 J1 和按键 K1～K4 要放置在电路板四周，K1～K4 要在同侧且对齐。

(3) 线宽要求：电源线不小于 50 mil，地线不小于 80 mil，信号线不小于 40 mil。45°走线方式，地线不能出现环路，单面板布局布线。

项目四　47 耳放设计

4.1　项 目 概 述

　　47 耳放是一款简单实用的双声道立体声耳机音频功率放大器，电路简洁，器件简单，设计难度不大，而且效果不错，其音频放大电路图如图 4-1 所示，使用的电源供电电路如图 4-2 所示。

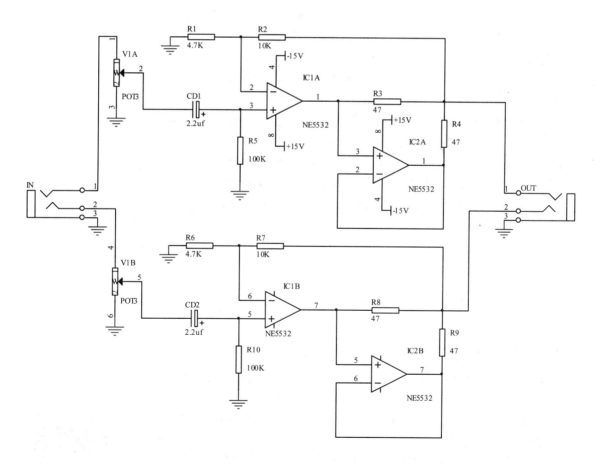

图 4-1　47 耳放电路原理图

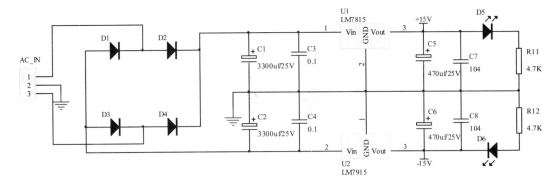

图 4-2　47 耳放电源电路

为什么将该电路称为 47 耳放？因为在电路中有几个元件选用的参数都是"47"，主要用来驱动耳机型负载的音频功率放大器，所以称为 47 耳放。根据电路结构分析，47 耳放实际上是一个"同向输入+缓冲"的运算放大器电路。音频信号从输入端 IN 送入后，经过可调电阻进行分压调节，送入第一级电压运算放大器的同向输入端实现电压放大，第一级输出的信号经第二级的运算放大器缓冲后送入输出端 OUT。供电电路可以直接利用我们在项目二中设计的三端固定稳压电源电路，工作电压正、负各 15 V，双电源供电。不过在这个电源电路中，我们做了一点改变，加了两个电源指示灯，在通电的时候可以做电源状态指示。

这个电路设计的巧妙之处在于，利用后一级运算放大器实现信号隔离，同时具有一定的电流放大能力，电压放大是利用前一级的运算放大器实现，电压放大倍数约为 3.1，如果想提高电压放大倍数可以降低第一级运算放大器的 4.7 kΩ 电阻(R1 和 R6)或者提高 10 kΩ 电阻阻值(R2 和 R7)。第二级缓冲部分的 47 Ω 电阻减小的话可以适当提高负载驱动电流，但是电流提升和耳机的阻抗有一定的关系，这个电阻不是越小越好，一般的低阻耳机直接用 47 Ω 就可以了。

4.2　47 耳放电路原理图绘制

4.2.1　复合式元器件

在 47 耳放的电路原理图绘制中，我们会看到如图 4-3 所指示的元件标号。

图 4-3 中运算放大器 NE5532 的标号命名为 IC1A、IC2A，另外一个声道的运算放大器 NE5532 的标号是 IC1B、IC2B。从图 4-1 中可以看出，只有后缀是 A 的运算放大器的 4 脚和 8 脚连接电源，而后缀是 B 的部分没有。其实 IC1 是一个器件，只不过分成了两个部分，即 IC1A 和 IC1B，这两部分的引脚不同，但是公用一组电源引脚。图 4-4 是 NE5532 的实

复合式元器件简介

际外形和引脚图。

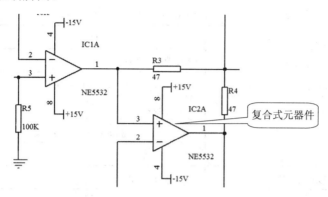

图 4-3　复合式元器件 NE5532

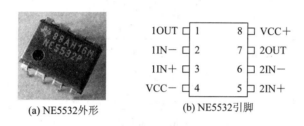

(a) NE5532外形　　　　　(b) NE5532引脚

图 4-4　NE5532 的外形和引脚

NE5532 是一款双运放，典型的 DIP8 封装的 NE5532 是把两个结构相同、参数一致的运算放大封装在一起，共用一组电源引脚，其内部结构如图 4-5 所示。

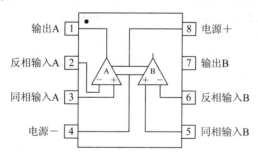

图 4-5　NE5532 内部结构

在电路原理图中，我们把几个功能相同的电路封装在一起，公用一组电源或功能引脚的器件称为复合式器件。从图 4-5 中可以看出，NE5532 的 1、2 和 3 脚是一组运算放大器，5、6 和 7 脚是另一组运算放大器，这两部分公用一组电源脚，4 脚和 8 脚。

在绘制 47 耳放电路原理图时，由于该电路中包含运算放大器，所以需要在原理图编译器中加载 Protel DOS Schematic Libraries.ddb 库文件，在原理图文件中加载元件库的方法在项目三中已经介绍过，这里不再赘述。这个库文件中包含 13 个子元件库，各子元件库中包含元件的类型如

表 4-1 所示。

表 4-1　Protel DOS Schematic Libraries.ddb 中的元件库

子库名	元件类型
Protel DOS Schematic Analog Digital.lib	模拟数字式集成电路元件库
Protel DOS Schematic 4000 Cmos.lib	4000 系列 CMOS 集成电路元件库
Protel DOS Schematic Comparator.lib	电压比较器元件库
Protel DOS Schematic Intel.lib	Intel 公司生产的 80 系列 CPU 元件库
Protel DOS Schematic Linear.lib	线性元件库
Protel DOS Schematic Memory Devices.lib	存储器元件库
Protel DOS Schematic SYnertek.lib	SY 系列集成电路库
Protel DOS Schematic Motorlla.lib	Motorlla 公司元件库
Protel DOS Schematic NEC.lib	NEC 公司元件库
Protel DOS Schematic Operationel Amplifer.lib	运算放大器元件库
Protel DOS Schematic TTL.lib	TTL 逻辑电路集成元件库
Protel DOS Schematic Voltage Regulator.lib	电压调整器集成元件库
Protel DOS Schematic Zilog.lib	Zilog 公司元件库

我们所用到的 NE5532 就在 Protel DOS Schematic Libraries.ddb 的运算放大器库 Protel DOS Schematic Operationel Amplifer.lib 中。找到 NE5532 后，我们可以在器件属性设置对话框中设置我们所需要的部分。

从图 4-6 中可以看出，这两部分的功能是一样的，只不过对应的引脚序号不同，同时只有第一部分(A)有电源引脚。在复合式元件绘制中，只要元件的标号相同就表示同一个器件，不同的部分利用大写字母 A、B、C、D…等表示，这个标记也只有在复合式元件中才会用到。我们在设置复合式元件的各部分时，可以打开元件属性设置对话框，然后直接在 Part 中修改数值，如图 4-7 所示。Part 中的值为 1，表示第一部分，标号的后缀用 A 表示。

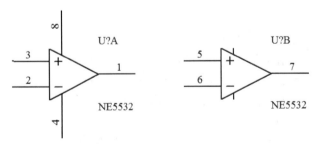

图 4-6　NE5532 的两个部分

注意：电路原理图中，元件的标号后缀的大写英文字母(A、B、C 等)不是输入值，而是用来表示复合式元器件的第几个部分。

图 4-7　元件属性参数设置对话框

我们再举个例子，数字电路中基本的门电路"与门"的电路原理图符号如图 4-8 所示。

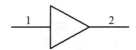

图 4-8　单输入"与门"原理图符号

在市面上采购该器件时，我们不能说去买一个"与门"，而是具体的元件型号。在 TTL 电路中，单输入"与门"的具体型号是 7407，这个器件也是一个复合式器件，一个 7407 内部包含有 6 个相同功能的门电路，如图 4-9 所示。在电路原理图中，这 6 个部分可以单独使用，但是如果是属于同一个 7407 中的，它们的标号必须相同。

(a) 7407外形

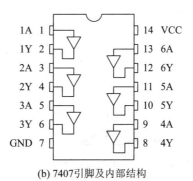

(b) 7407引脚及内部结构

图 4-9　7407

从图 4-9 中可以看出，对于一个 7407 来说，有一组电源引脚(7 脚和14 脚)，其余引脚中两个一组构成一个单输入"与门"，这 6 个单输入"与门"功能相同，共用一组电源引脚，只不过每个"与门"的引脚序号不同。在使用 7407 时，一个器件最多能使用 6 个"与门"，要是在某一电路中超过 6 个，需要增加一片 7407。7407 在电路原理图中的符号如图 4-10 所示。

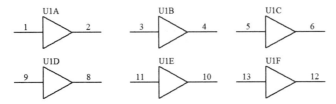

图 4-10　7407 的电路原理图符号

4.2.2　自定义复合式元器件

自定义复合式
元器件

在 47 耳放电路中，还有一个器件也是复合式元器件——输入可调电阻 V1。在电路图中，V1 对应 V1A 和 V1B，这两个是同一个器件的两个部分，也是复合式元件。在双声道音频功率放大器中，两个声道的音量应同时放大，或同时减小，一般在音频功率放大器中通常将其称为音量电位器，常见的音量电位器的外形如图 4-11 所示。

图 4-11　音量电位器的外形

这种音量电位器内部有两个可调电阻共 6 个引脚，利用一个旋钮实现可调电阻阻值的改变。其中前面 3 个引脚和后 3 个引脚功能独立，共用一个旋钮控制可调电阻阻值的大小。音量电位器原理图符号与可调电阻相同，如图 4-12 所示。

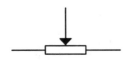

图 4-12　可调电阻的原理图符号

一个基本的可调电阻可以分为两个固定端和一个可调端，在图 4-11 中，音量电位器的可调端是中间两个引脚，两边的是固定端。一般我们在使用音量电位器时，需要顺时针音量增大，逆时针音量减小，这时可以按照图 4-13 的方法接线。

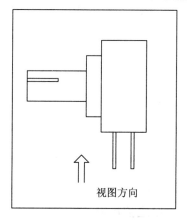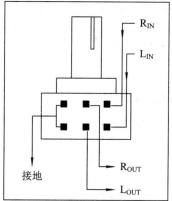

图 4-13　音量电位器的接线方法

可调电阻的电路符号在默认库中是有的，但是它不是一个复合式元件，我们需要自己创建一个音量电位器(包含两个可调电阻)的原理图符号，其创建方法如下：

(1) 打开我们之前创建的"自定义元件库.ddb"，在"自定义元件原理图库.lib"中先创建一个元件，命名为 POT3，如图 4-14 所示。

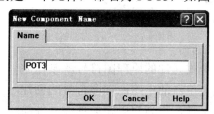

图 4-14　创建新元件

注：复合式元件不同部分的图形相同而引脚序号不同，应根据实际元件的引脚定义，也可自行定义。

(2) 在工作窗口中绘制一个可调电阻的电路原理图，符号如图 4-15 所示。

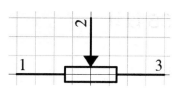

图 4-15　绘制好的可调电阻原理图符号

注意：引脚的长度为 20 mil，引脚没有名称，只有序号，引脚的电气节点朝外。

(3) 把绘制好的可调电阻整体选中，执行"Edit(编辑)→Cpoy(复制)"菜单命令复制整个图像。

(4) 执行"Tools(工具)→New Part(新部分)"菜单命令，新建一个元件部分，这时可以从元件列表下方的"Part"中看出已经有两个部分，如图 4-16 所示。

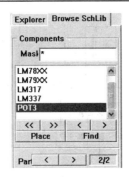

图 4-16　自定义元件库中的元件列表

(5) 在当前的第 2 部分中，用鼠标单击粘贴工具 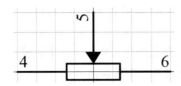，粘贴之前可调电阻的原理图符号。

(6) 在坐标原点放置后，修改引脚序号，如图 4-17 所示。

图 4-17　可调电阻第 2 部分引脚序号

(7) 单击保存按钮保存新建的原理图符号。

这样，一个双声道音量电位器的复合式元件的原理图符号就制作完成了。了解了复合式元件的结构和音量电位器的电路原理图符号的创建方法，我们就可以新建一个设计数据库文件，再新建电路原理图文件绘制 47 耳放电路原理图。请大家根据图 4-1 和图 4-2 自行绘制 47 耳放电路原理图。

4.3　47 耳放的 PCB 设计

4.3.1　自定义元件封装

在设计 47 耳放之前，需要先设计两个封装：耳机接口和音量电位器。

1. 耳机接口封装设计

耳机接口的类型有很多，一般按照耳机插头尺寸的大小分为两种类型：3.5 mm 和 6.35 mm，我们这次设计的耳机接口的外形和尺寸参数如图 4-18 所示。在设计耳机接口封装时，将封装命名为 PJ-306。

2. 音量电位器封装设计

BK09 音量电位器的尺寸参数如图 4-19 所示，音量电位器的封装命名为 BK09。

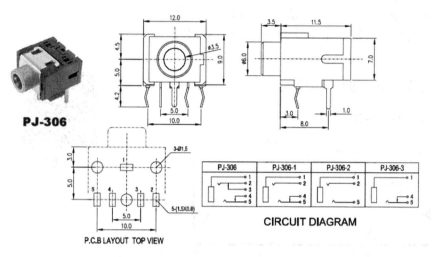

注：耳机接口和音量电位器都是对称元件，所以在设计其封装时，应在定义原点后对称测绘，注意结合坐标尺寸。

图 4-18　PJ-306 耳机接口外形和尺寸参数(单位：mm)

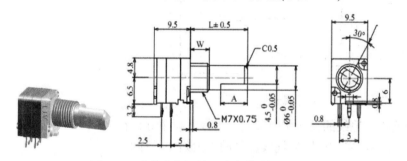

图 4-19　音量电位器的尺寸参数(单位：mm)

　　这两个器件的封装请参照项目二中的封装设计步骤。注意这两个封装设计中的焊盘序号，应与其电路原理图的符号相一致。

4.3.2　47 耳放的 PCB 设计

　　47 耳放电路 PCB 设计的要求如下：

　　(1) 单面板布局和布线。器件分布要合理，音频输入、输出接口、电源接口和音量电位器放置在电路板的四周，方便接线。电路板尺寸不大于 100 mm × 80 mm 的矩形板。

　　(2) 元件封装。47 耳放电路的元件封装见表 4-2。

47耳放的 PCB 设计

表 4-2　47 耳放元件封装列表

元件	封装名称	元件	封装名称
NE5532	DIP8	发光二极管	LED5
电阻	AXIAL0.4	耳机接口	PJ-306
整流二极管	DIODE0.4	C1，C2	RB.3/.6
C5，C6	RB.2/.4	C3，C4，C7，C8	RAD0.2
CD1，CD2	RB.1/.2	AC_IN	SIP3_0.2
U1，U2	TO-220A	V1	BK09

(3) 线宽，电源线和地线宽度不小于 1.5 mm，信号线宽度不小于 1.2 mm，电路板四周放置四个孔径为 3 mm、外径为 4 mm 的安装定位孔，距离板子边界 3 mm。

4.3.3　音频电路 PCB 走线中的一点接地

一点接地的设计思想如图 4-20 所示。

一点接地

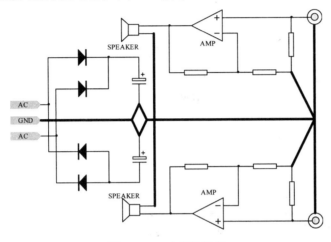

图 4-20　一点接地思想

在音频功率放大电路中，地线的设计尤为重要，地线敷设不好会在电路中引起很大的干扰。不同的接地引脚的地线流过的电流是不一样的，地线在布线时要注意以下几点：

(1) 要区分电源地、信号输出地、信号输入地、反馈地等地线，不同的地线要分开敷设。

(2) 左右声道的地线应该分开走。

(3) 输入和输出地线不能串接在一起。

(4) 大电流地和小电流地分开。

最后把这些地线汇聚在一点，接入电源地。一点接地的 PCB 设计过程需要大家多看多练，这样才能更好掌握。在 47 耳放的 PCB 设计中，利用一点接地的设计思想处理地线。

项 目 总 结

本项目主要通过 47 耳放电路设计，讲解带有复合式器件的原理图的绘制方法。需要注意：在绘制电路原理图时，如果某个元件内部含有功能相同的不同部分，那么在绘图时要注意这些功能部分的引脚及标号。在 99SE 中，区分一个元件是否是复合式元件，可以直接在元件属性对话框中查看 Part 是否只是 1，复合式元件的电源引脚一般都做隐藏处理。

本项目中还讲解了音频电路设计中的一点接地思想。一点接地设计

的思想和方法要通过大量的实践才能真正掌握，接地导线敷设不好，对
整个电路板的信噪比和噪声干扰影响会很大。

实 践 训 练

 实践训练：音频功率放大电路 PCB 设计

【训练目标】

熟悉 Protel 99SE 基本操作，掌握 Protel 99SE 软件 PCB 设计的基本
流程。熟悉原理图中的复合式元器件，熟悉音频功率放大电路中的一点
接地设计思想。

【训练流程】

(1) 新建原理图文件，根据题目电路名称对其命名。

(2) 新建元件，如 TDA1521，并绘制电路原理图。

(3) 创建网络表。

(4) 根据电路原理图，完成对称 PCB 设计，地线使用一点接地思想
处理。

【训练题目】

1. TDA1521 音频功率放大器设计

TDA1521 是飞利浦公司生产的一款双声道立体声音频功率放大器，
单声道输出功率最大可达 12W。TDA1521 音频功率放大器的电路原理图
如图 4-21 所示。

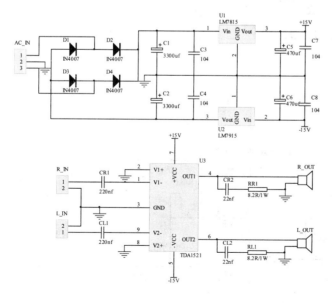

图 4-21 TDA1521 音频功率放大器

PCB 设计要求:

(1) 元件封装见表 4-3 所示。

表 4-3　TDA1521 音频功率放大器

元件	封装名称	元件	封装名称
AC_IN	SIP3_0.2	C1/C2	RB.3/.6
D1-D4	DIODE0.4	C5/C6	RB.2/.4
U1/U2	TO-220A	R_IN/L_IN	SIP2_0.2
RR1/RR2	AXIAL0.5	C3/C4/C7/C8/CR1/CL1/CR2/CL2	RAD0.2
R_OUT/L_OUT	SIP2_0.2	—	—

注意: U5(TDA1521)器件的封装请按照其器件手册所给尺寸参数绘制。

(2) PCB 走线线宽最小为 1.5 mm,电源线和地线适当加宽,电源电路和音频放大对称布局,地线使用一点接地思想处理。

2. 音乐传真 A1 前级音频放大器设计

音乐传真 A1 前级放大电路是利用 TL084 四运放设计的一款双声道音频放大器,其电源电路经过 12 V 稳压二极管稳压后,利用 8050/8550 三极管实现电子滤波,然后给 TL084 供电。电路原理图如图 4-22 所示,TL084 引脚图如图 4-23 所示。

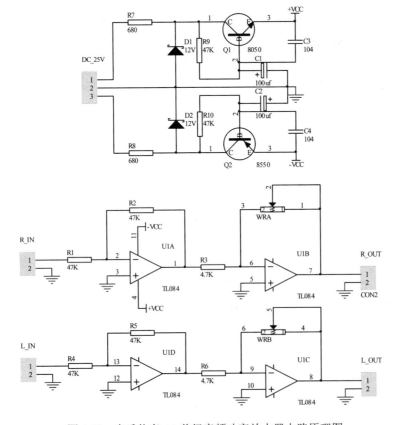

图 4-22　音乐传真 A1 前级音频功率放大器电路原理图

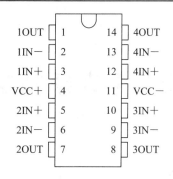

图 4-23　TL084 引脚图

PCB 设计要求如下：

(1) 元件封装见表 4-4 所示。

表 4-4　音乐传真 A1 前级音频功率放大器元件封装

元件	封装名称	元件	封装名称
DC_25V	SIP3_0.2	C1/C2	RB.2/.4
D1/D2	DIODE0.4	C3/C4	RAD0.2
R1-R10	AXIAL0.4	WR	APLS_2
R_IN/L_IN R_OUT/L_OUT	SIP2_0.2	Q1/Q2	TO-92A

(2) PCB 走线线宽最小为 1.5 mm，电源线和地线适当加宽，电源电路和音频放大对称布局，地线使用一点接地思想处理。电路板尺寸不大于 70 mm × 70 mm。在 PCB 设计中可以将元件封装适当修改。WR 的封装 APLS_2 尺寸参照项目五图 5-3，也可以使用本项目中所用到的封装 BK09。

项目五　TDA2030 2.1 音频功率放大器

5.1　项目概述

　　TDA2030 是一款单声道音频功率放大器，输出功率可达 18 W，市面上常见的多媒体音响系统，如漫步者、轻骑兵、麦博等多媒体音响均有使用 TDA2030 作音频放大。该器件性能稳定，价格低廉、调试方便，且具有不错的参数指标。

　　本项目的任务是利用 TDA2030 设计一款 2.1 音频功率放大器。一般音响中的系统主要有以下几类：2.0 系统指音响系统中只有左右声道；2.1 系统指音响系统中含有左右声道，同时有一路低音输出；5.1 系统指音响系统中同时含有 5 路音频输出，一路低音输出。

　　在图 5-1 的电路中，使用了三个 TDA2030，其中两个作双声道音频放大，还有一个单独作为低音放大，低音滤波及前级放大利用双运放 4558 实现。电源电路中，220 V 输入的交流电压经整流滤波、电阻分压后得到两组电压，A+、A− 给 TDA2030 供电，B+、B− 给 4558 运放供电。

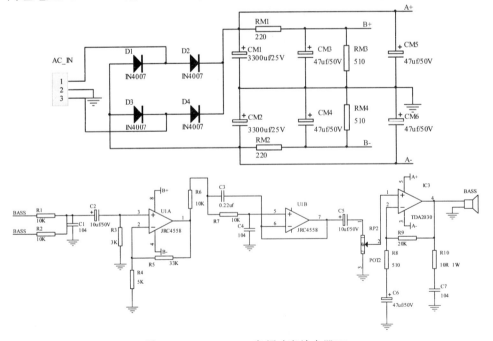

图 5-1　TDA2030 2.1 音频功率放大器(1)

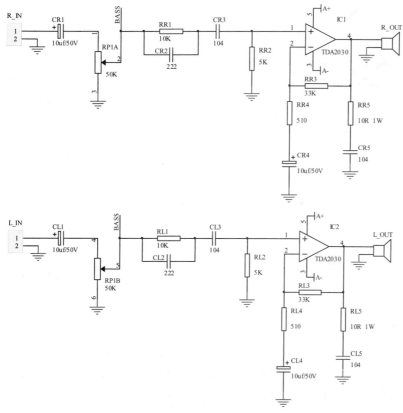

图 5-1　TDA2030 2.1 音频功率放大器(2)

5.2　2.1 音频功率放大器原理图绘制

在绘制该项目的电路原理图时，电源 220 V 输入和变压器部分不用绘制，只需要在变压器次级留出三个端子即可。

图 5-1 中有两个复合式元件，其中 RP1 是一个双联电位器，用来调节左右声道的音量大小，这个器件的原理图符号在项目四中已经设计过，名称为 POT3；4558 是双运放，有两个功能相同的运算放大器，这个器件在 Protel DOS Schematic Libraries.ddb 库中的运算放大器库中可以找到，请读者根据图 5-1 自行绘制电路原理图。

5.3　自定义元件封装

5.3.1　电位器的封装设计

电路中使用的双联电位器为 APLS 16 型，其外形如图 5-2 所示，该电位器的尺寸参数见图 5-3。

图 5-2　APLS 16 型电位器外形

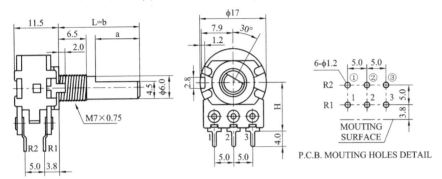

图 5-3　APLS 16 型电位器尺寸参数(单位：mm)

　　本项目需要设计两个电位器封装，一个是双联，一个是单联。单联电位器的尺寸和双联的尺寸相同，只不过需要放置前面三个引脚对应的焊盘。单联电位器的封装命名为 APLS_1，双联电位器的命名为 APLS_2。

5.3.2　TDA2030 的封装设计

　　TDA2030 外形及尺寸参数如图 5-4 所示，封装命名为 TO-220B。

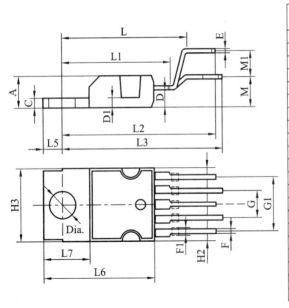

DIM.	mm		
	MIN	TYP.	MAX.
A	—	—	4.8
C	—	—	1.37
D	2.4	—	2.8
D1	1.2	—	1.35
E	0.35	—	0.55
F	0.8	—	1.05
F1	1	—	1.4
G	—	3.4	—
G1	—	6.8	—
H2	—	—	10.4
H3	10.05	—	10.4
L	—	17.85	—
L1	—	15.75	—
L2	—	21.4	—
L3	—	22.5	—
L5	2.6	—	3
L6	15.1	—	15.8
L7	6	—	6.6
M	—	4.5	—
M1	—	4	—
Dia	3.65	—	3.85

图 5-4　TDA2030 尺寸参数

5.4 2.1 音频功率放大器 PCB 设计

5.4.1 双面 PCB 工艺简介

双面 PCB 工艺简介

在之前的项目设计中，我们主要利用单面板设计 PCB，在本项目中我们讲述如何绘制双面 PCB。双面 PCB 设计和单面 PCB 设计基本相同，区别在于电路板中多了一个信号走线层。有些电子线路在设计的过程中，由于器件比较多，在一定尺寸的电路板上布线时，单面板的导线可布通性会大大降低，所以需要使用双面板进行设计。

注：双面板与单面板相比，只是多了一个走线层，其布线操作与单面板相同。

双面板的原材料是双面覆铜板，这种覆铜板在基材的正反面都有铜箔，这样的电路板在设计中可以利用两个信号层，即 Top Layer(顶层信号层)和 Bottom Layer(底层信号层)，且这两个信号层互不影响，这样能大大提高线路的布通率，而且可简化走线路径。

在双面 PCB 设计中，按照元件的装配方式，一般有四种安装类型：单面插装、单面混装、双面混装和双面贴装。

单面插装和单面混装都指在电路板的一面进行元件安装。双面混装指在电路板的两面进行安装，一面贴片，一面插件。双面贴装指在电路板的两面进行元件的贴片安装。

对于单面插装和单面混装，电路板的丝印层只需要一层即可，一般使用顶层丝印层(Top Over Layer)；双面混合安装和双面贴装需要有两个丝印层：顶层丝印层(Top Over Layer)和底层丝印层(Bottom Over Layer)。单面插装工艺如图 5-5 所示，单面混装工艺如图 5-6 所示，双面混装工艺如图 5-7 所示，双面贴装工艺如图 5-8 所示。

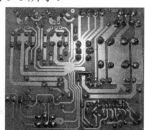

图 5-5 单面插装工艺

图 5-6 单面混装工艺

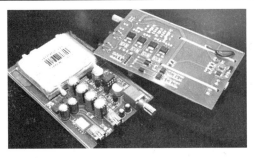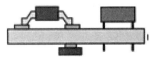

图 5-7　双面混装工艺

图 5-8　双面贴装工艺

在设计 TDA2030 2.1 功率放大器时，我们采用单面插装、双面布线的工艺。

5.4.2　双面 PCB 设计基础

双面 PCB 设计时，需要利用两个信号层，Topa Layer(顶层信号层)和 Bottom Layer(底层信号层)，基本操作方法和我们之前的项目设计没什么不同，区别在于，双面 PCB 如果一层走线走不了，可以切换到另外一个信号层进行走线。比如我们在项目三中设计的 8051 红外接收电路，该电路的 PCB 局部参考布局如图 5-9 所示。

双面 PCB 布线

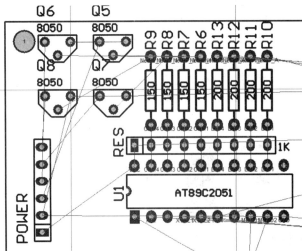

图 5-9　8051 红外接收电路局部布局示意图

为了连接 Power 接口，Q5～Q8、R6～R9 之间的导路，我们可以先在 Bottom Layer(底层信号层)走线，如图 5-10 所示。

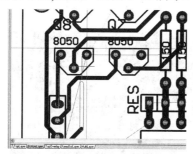

图 5-10　单面板走线

我们发现，底层某些线路的导线走不通。我们在项目三中采用的解决方案是对当前布局进行修改，使得这些导线能够在底层走通。但是如果采用双面布线的话，可以把当前走线层切换到 Top Layer(顶层信号层)来完成走线，如图 5-11 所示。

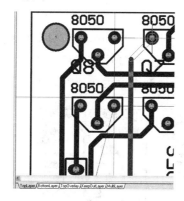

图 5-11　切换顶层走线

大家可以看出，在切换走线层后，之前无法走通的导线就能走通，双面布线的结果如图 5-12 所示。

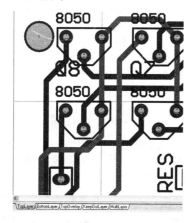

图 5-12　双面布线

注：双面板布线时，为了降低噪声干扰，两个走线层一层水平布线，另一层垂直布线，尽量使两层的导线密度大致相同。

双面走线中，不同层之间不同网络的导线可以相交。但是同一层中不同网络的导线不能相交。通过 3D 预览我们也可以看出顶层信号和底层信号是独立的，如图 5-13 所示。

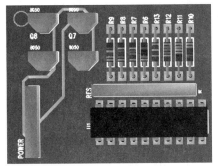
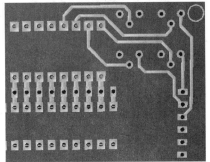

(a) 3D 显示的电路板正面　　　　　　(b) 3D 显示的电路板背面

图 5-13　3D 显示中的顶层和底层线路

5.4.3　过孔布线处理

在双面板布线中，虽然增加了信号层，让走线更加容易，但是某些时候仍会遇到线路走不通的情况，比如我们在图 5-14 中连接标识的焊盘时会发现，不管顶层信号层，还是底层信号层都不能走通。

过孔布线处理

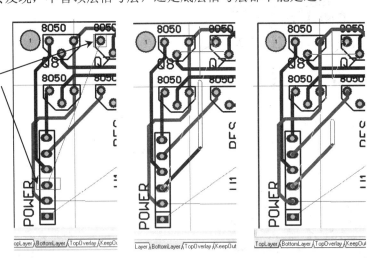

图 5-14　走线问题

利用单独的走线不能布通当前的网络，在这种情况下，我们可以通过添加过孔来实现贯穿，如图 5-15 所示。

放置过孔的方法：鼠标左键单击过孔放置工具 ，在需要的地方放置过孔。

在多层电路板设计中过孔一般有三种类型：通孔、埋孔和盲孔，如图 5-16 所示。在单、双面 PCB 中，过孔都是通孔。和焊盘不同，过孔主要是用来实现不同信号层之间同一网络导线的连接，在 PCB 生产工艺中为了保证过孔的电气性能，一般在生产制作时需要对过孔实现孔的金属化，插装元件的焊盘在双面板设计中也可以作为过孔来使用。埋孔和盲孔只有在两层以上的 PCB 设计中才会用到。

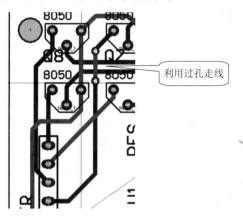

图 5-15　利用过孔走线

注：虽然过孔可以方便布线，但是在 PCB 设计中应尽可能少用或不用过孔。THT 元件引脚对应的焊盘也可以当作过孔使用。

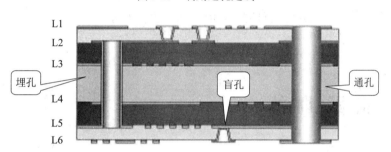

图 5-16　6 层 PCB 中过孔类型(电路板剖面图)

5.4.4　TDA2030 2.1 音频功率放大器 PCB 设计

本项目的 PCB 设计要求如下：

(1) 电路布局中，将所有接口和功率器件放在矩形电路板四周，电路板四角放置 4 个孔径为 3.5 mm 的定位孔；元件模块化布局，3 个 TDA2030 放置在同一侧，方便散热器安装。

(2) 元件封装见表 5-1。

TDA2030 2.1 音频功率放大器 PCB 设计

表 5-1　TDA2030 音频功率放大电路元件封装表

元　件	封装名称	元　件	封装名称
4558	DIP8	发光二极管	LED5
电阻	AXIAL0.4	单联电位器	APLS_1
整流二极管	DIODE0.4	双联电位器	APLS_2
滤波电容	RB.3/.6	小型无极电容	RAD0.2
三端接口	SIP3_0.2	两端接口	SIP2_0.2
TDA2030	TO-220B	—	—

其余元件的封装参考之前的设计。

(3) 双面板布线，整个电路板的线宽不小于 1 mm，电源线和地线宽度尽量加粗。

(4) 输入地、输出地、电源地各地线分开绘制，最终在电源地上汇聚一点，最好用一点接地方式走地线。

项 目 总 结

本项目主要借助 2.1 音频功率放大器讲解双面 PCB 的设计方法。在双面 PCB 设计中，要注意合理地利用两个信号层布线，要能够合理使用过孔对走线方式进行优化。对于元件较多的电路，在 PCB 布局时应当把电路分成几个小的功能部分，利用模块化布局的方法处理。

双面 PCB 布线中，可以先在一个信号层走线，在当前信号层走不完的情况下，再切换到另一个信号层走线，切勿两个信号层来回切换走线。双面 PCB 由于多了一个信号层，所以走线相对容易，但大家需要多多练习才能更好掌握。

实 践 训 练

 实践训练：双面 PCB 设计

【训练目标】

熟悉 Protel 99SE 基本操作，掌握 Protel 99SE 软件 PCB 设计的基本流程。熟悉双面 PCB 布局布线基本操作。

【训练流程】

(1) 新建原理图文件，根据题目电路名称对其命名。

(2) 新建元件，如 7 段数码管，并绘制电路原理图。

(3) 创建网络表。

(4) 根据电路原理图，完成 PCB 设计，单面布局，双面 PCB 布线。

【训练题目】

闹铃时钟设计，其电路原理图如图 5-17 所示。

闹铃时钟电路利用 51 单片机作为核心器件，时钟显示时和分，可以通过按键实现时间修改和闹铃控制。图 5-17 中所用到的器件中，4 位一体数码管的外形和尺寸参数如图 5-18 所示，该封装在设计中命名为7SEG_4LED。

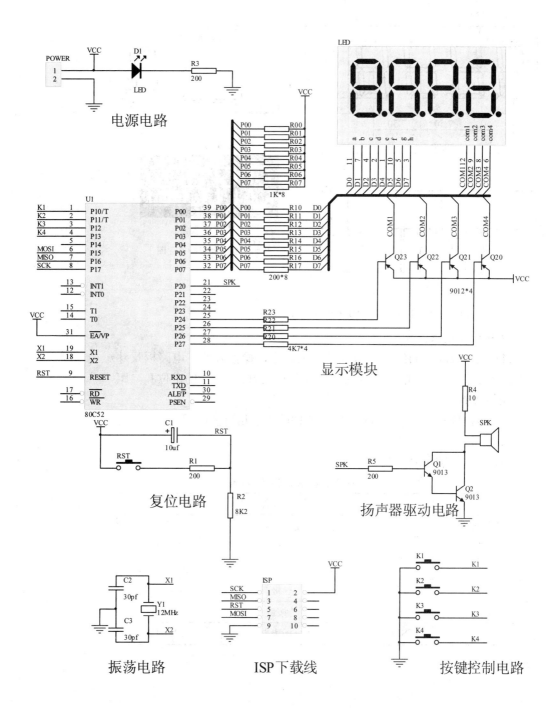

图 5-17　闹铃时钟电路原理图

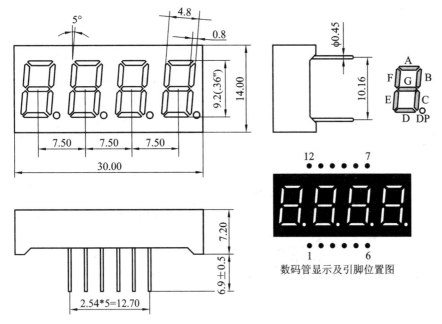

图 5-18　4 位一体数码管外形和尺寸参数(单位：mm)

PCB 设计要求：

(1) 双面板布局布线，要求元件布局合理，操作方便。电路板尺寸不超过 8 cm × 8 cm，电路板四周放置 4 个孔径为 3.5 mm 的定位孔，距离电路板边界 3 mm。

(2) 整板线宽不小于 30 mil，所有器件的焊盘尽可能改得大一点，方便焊接。

(3) 元件封装见表 5-2。

表 5-2　闹铃时钟电路元件封装表

元　件	封装名称	元　件	封装名称
80C52	DIP40	发光二极管	LED5
电阻	AXIAL0.4	ISP	IDC10
C1	RB.1/.2	C2，C3	RAD0.2
Y1	XTAL1	三极管	TO-92A
两端接口	SIP2_0.2	按键	SW_PB
4 位一体数码管	7SEG_4LED	扬声器	SIP2_0.2

项目六　CH341A 下载器设计

6.1　项目概述

　　本项目是利用 CH341A 设计的一款针对 ATMEL 公司的 AT89S 系列单片机的程序下载器，利用 CH341A 芯片将 USB 信号转为 ISP 信号，并为 AT89S 系列单片机编程。该电路比较简单，原理图的绘制方法在之前的章节中已经有所介绍，电路原理图如图 6-1 所示。本项目中我们主要通过对此电路的设计，讲解 SMT 元件的 PCB 设计。

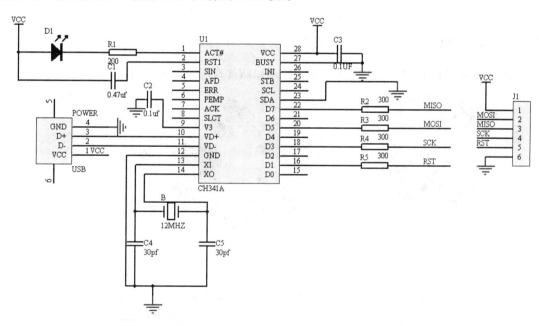

图 6-1　CH341A 下载器电路原理图

6.2　认识 SMT 元器件

　　常用的电子元器件按照焊接工艺，可以分为两种：THT 元件和 SMT 元件。在之前的项目讲解中，我们主要使用 THT 元件。

　　所谓 SMT 元件，是指元件引脚在焊接时直接贴在电路板的表面，

SMT 元器件简件

焊盘位置不需要钻孔，SMT 元件的焊盘就是 PCB 上的一块铜箔，如图 6-2 所示。有的 SMT 元件的引脚在元件的外围，有的引脚在元件的底部。由于 SMT 元件的焊盘方式与 THT 元件不同，所以在元件封装、PCB 设计时都需要注意其与 THT 元件 PCB 设计的区别。

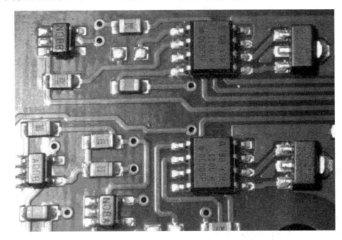

图 6-2　电路板上的 SMT 元件

6.2.1　SMT 电阻

通常使用的 SMT 电阻有两种类型：圆柱式和贴片式，如图 6-3 所示。

　　(a) 圆柱色环贴片电阻　　　　　　　(b) 贴片式贴片电阻

图 6-3　SMT 电阻

圆柱式表面安装电阻一般通过色环标记，色环的标记方法与 THT 色环电阻的标记方法相同。而贴片式表面安装电阻的标记一般采用直标法，通常使用三位数字+字母(R)的方式进行标记。若贴片电阻表面只有三位数字，则前两位数字是有效数字，第三位表示 10 的幂。字母 R 表示小数点 R 所在的位置也就是小数点的位置，单位为 Ω。

比如一个贴片电阻的表面标记 220，则表示该电阻的阻值为 $22 \times 10 = 22\ \Omega$；如果电阻表面标记 5R60，表示该电阻的阻值为 $5.6\ \Omega$。

贴片式表面安装电阻的封装属于标准封装，在 99SE 的默认封装库中能够找到。常用的 SMT 电阻的封装尺寸如图 6-4 所示。

尺寸

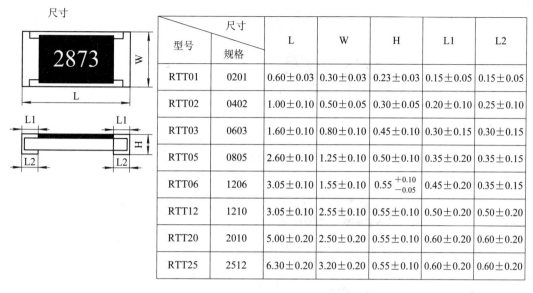

图 6-4　SMT 电阻的封装尺寸(单位：mm)

型号	尺寸规格	L	W	H	L1	L2
RTT01	0201	0.60±0.03	0.30±0.03	0.23±0.03	0.15±0.05	0.15±0.05
RTT02	0402	1.00±0.10	0.50±0.05	0.30±0.05	0.20±0.10	0.25±0.10
RTT03	0603	1.60±0.10	0.80±0.10	0.45±0.10	0.30±0.15	0.30±0.15
RTT05	0805	2.60±0.10	1.25±0.10	0.50±0.10	0.35±0.20	0.35±0.15
RTT06	1206	3.05±0.10	1.55±0.10	$0.55^{+0.10}_{-0.05}$	0.45±0.20	0.35±0.15
RTT12	1210	3.05±0.10	2.55±0.10	0.55±0.10	0.50±0.20	0.50±0.20
RTT20	2010	5.00±0.20	2.50±0.20	0.55±0.10	0.60±0.20	0.60±0.20
RTT25	2512	6.30±0.20	3.20±0.20	0.55±0.10	0.60±0.20	0.60±0.20

SMT 电阻的封装尺寸越大，功率越大，其对应关系如表 6-1 所示。

表 6-1　SMT 电阻封装尺寸与额定功率的对应关系

封装尺寸	额定功率	封装尺寸	额定功率
0201	1/32W	1206	1/4W
0402	1/16W	1210	1/2W
0603	1/10W	2010	1/2W
0805	1/8W	2512	3/4W

SMT 电阻的引脚无引线引出，引脚在元件的两端，99SE 中默认封装库中的封装图形如图 6-5 所示。

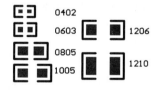

图 6-5　SMT 电阻封装默认形状

6.2.2　SMT 电容

SMT 电容有两种类型：一种是无极电容，一种是极性电容。

常用的无极 SMT 电容的外形与 SMT 电阻外形相同，只不过电容表面的颜色与电阻不同。常用的极性 SMT 电容有片式和圆柱式两种，如图 6-6 所示。

无极 SMT 电容的封装与 SMT 电阻的封装相同，而极性 SMT 电容的封装需要根据元件的实际尺寸设计。

图 6-6　SMT 电容外形

6.2.3　SMT 二极管

SMT 二极管有两种类型：SMT 普通二极管和 SMT 发光二极管，具体如图 6-7 和图 6-8 所示。

图 6-7　SMT 普通二极管

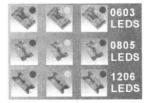

图 6-8　SMT 发光二极管

SMT 二极管的封装与 SMT 电阻、电容的封装外形相同，可以通用。不过在使用时要注意二极管的正负极。

6.2.4　SMT 三极管

SMT 三级管的外形有多种，对应的封装也不相同，常见的 SMT 三极管标准封装有以下几种：

(1) SOT-23 封装，该封装的尺寸参数和参考封装如图 6-9 所示。

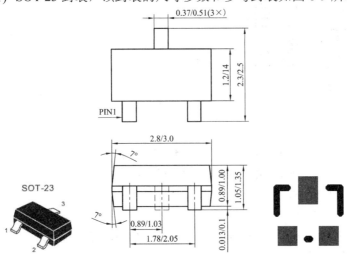

图 6-9　SOT-23 封装尺寸(单位：mm)

(2) SOT-89 封装，该封装的尺寸参数和参考封装如图 6-10 所示。

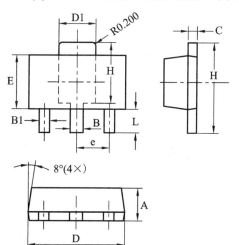

SOT89		
Dim	Min	Max
A	1.40	1.60
B	0.44	0.62
B1	0.35	0.54
C	0.35	0.44
D	4.40	4.60
D1	1.62	1.83
E	2.29	2.60
e	1.50 Typ	
H	3.94	4.25
H1	2.63	2.93
L	0.89	1.20
All Dimensions in mm		

图 6-10　SOT-89 封装尺寸(单位：mm)

(3) SOT-143 封装，该封装的尺寸参数和参考封装如图 6-11 所示。

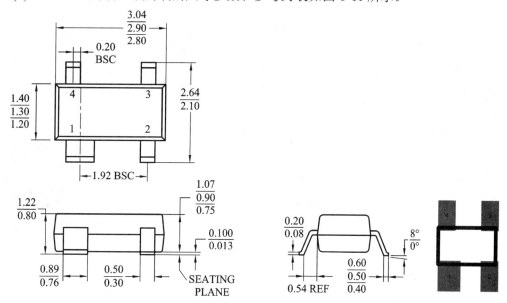

图 6-11　SOT-143 封装尺寸(单位：mm)

这里只给出了常用的三种 SMT 三极管的封装尺寸，在应用中应该按照元件的实际尺寸来选择或者设计合适的封装。SOT-23、SOT-143 封装的三极管一般都是小功率管，SOT-89 的封装一般都是中功率管。

6.2.5　SMT 集成电路封装

集成电路的 SMT 封装较多，两端引脚的 SMT 集成电路封装如图 6-12 所示。四周引脚的 SMT 集成电路封装如图 6-13 所示。底部引脚的 SMT 集成电路封装如图 6-14 所示。

图 6-12　两端引脚的贴片集成电路封装

图 6-13　四周引脚的贴片集成电路封装

图 6-14　底部引脚的 BAG 封装

以上所讲的 SMT 封装类型都属于标准封装系列，在 99SE 的封装库中基本都能找到。如果要确定某一集成电路的具体封装形式，可以查阅其器件手册。

6.3　自定义 SMT 元件封装

SMT 晶振封装设计

在含有贴片元件的 PCB 设计中，有些元件的封装是标准尺寸，在 99SE 自带的封装库中能够找到，但是有些特殊元件的封装需要自己定义。

比如在图 6-1 中，USB 座，晶振 B 和单列接口 J1 如果选用 SMT 类型，这几个元件的封装需要自己定义。

6.3.1　SMT 晶振的封装设计

SMT 晶振的封装尺寸和外形如图 6-15 所示。打开我们之前创建的"自定义封装库.lib"，执行"Tools(工具)→New Component(新元件)"菜单命令，将 SMT 晶振的封装命名为 XTAL2。按照图 6-15 给出的尺寸绘制该 SMT 晶振的封装。需要注意的是，SMT 元件封装设计时，先在顶层丝印层绘制元件的投影轮廓，然后放置焊盘。注意 SMT 元件的焊盘没有孔，而且在顶层，这些参数需要在焊盘属性对话框中设置。双击焊盘进入属性对话框，如图 6-16 所示，焊盘的 Hole Size 为 0，X-Size 和 Y-size 就是 SMT 晶振的实际引脚尺寸，焊盘所在的层为 Top Layer(顶层信号层)。SMT 晶振的封装图可以参考图 6-17。

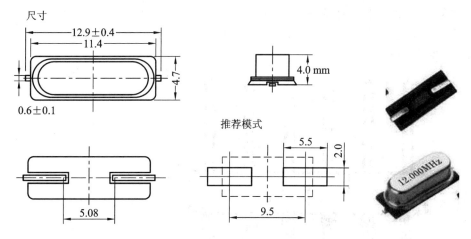

图 6-15　贴片晶振尺寸和实物图(单位：mm)

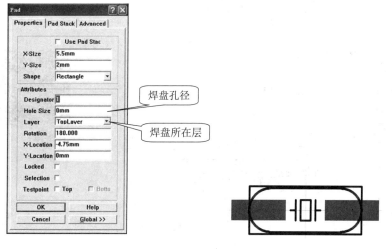

注：一般贴片元件的引脚较小，布局密集，所以一定要注意引脚的尺寸参数，精确定位。

图 6-16　焊盘属性对话框　　图 6-17　绘制完成的贴片晶振封装

6.3.2　SMT 单列接口封装

SMT 单列接口尺寸参数如图 6-18 所示。

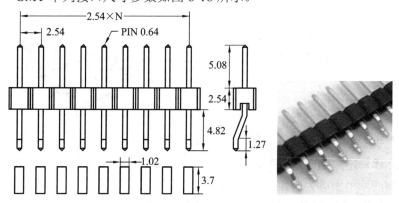

图 6-18　表面安装单列接口尺寸和实物图(单位：mm)

在图 6-19 中，单列接口 J1 有 6 个引脚，所以在绘制该器件封装时只需要绘制 6 个引脚。该封装在定义时，命名为 SIP6_2，SMT 单列接口的参考封装如图 6-19 所示。

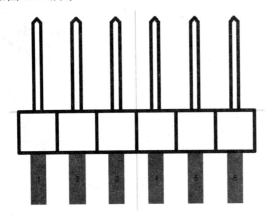

图 6-19　单列 6 脚接口参考封装图

6.3.3　SMT 类型的 USB 母座封装

表面安装类型的 USB 母座尺寸如图 6-20 所示。

USB 母座封装设计

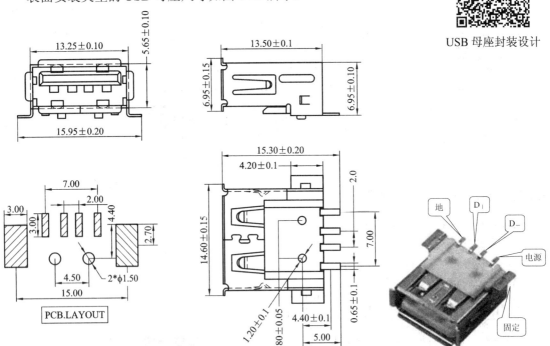

图 6-20　表面安装的 USB 母座尺寸和元件外形(单位：mm)

在设计 SMT 类型 USB 母座封装时，需要注意 USB 母座的四个引脚的序号及功能定义，两端的两个引脚为固定脚，与地相连。该封装在设计时命名为 USB_SMD。SMT 类型 USB 母座参考封装如图 6-21 所示。

图 6-21　USB 母座参考封装

6.4　CH341A 下载器 PCB 设计

6.4.1　修改元件封装

　　CH341A 下载器中所需要的 SMT 元件封装设计完成后,可以新建设计数据库文件,并创建原理图文件,根据图 6-1 绘制 CH341A 的电路原理图,并为元件添加封装。封装信息见表 6-2。

表 6-2　CH341A 下载器封装元件封装

元件	封装	元件	封装
R1-R5	1206	C1	1812
C2-C5	1206	D1	1206
U1	SOL-28	POWER	USB_SMD
B	XTAL2	J1	SIP6_2

　　图 6-1 中,晶振 B、USB 接口 POWER 和单列接口 J1 的封装是我们自己定义的,其余元件的封装在 99SE 默认封装库中都能找到。

6.4.2　创建网络表并在 PCB 文件中加载

　　在原理图中修改完元件封装后,创建网络表。新建一个 PCB 文件,加载网络表,结果如图 6-22 所示。

　　在 PCB 文件中加载网络表后可以看出,所有元件默认都在 Top Layer(顶层信号层),如果我们利用单层走线完成该设计,可以不用修改元件所在的层。

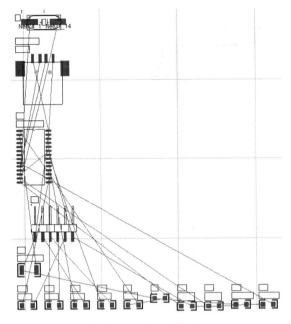

图 6-22　加载网络表

6.4.3　PCB 布局布线

根据 CH341A 下载器的原理图连接，进行布局布线。元件所在层不需要修改，默认在 Top Layer(顶层信号层)，布局时让电路板尺寸尽可能小。

布线时，由于所有元件都在 Top Layer(顶层信号层)，在使用单面走线设计时，PCB 走线也应该放在 Top Layer(顶层信号层)。CH341A 下载器单面走线完成的布线效果如图 6-23 所示。

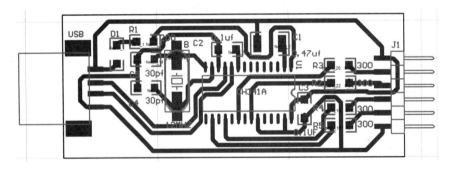

图 6-23　CH341A 下载器参考布局布线

从图 6-24 的 3D 显示图中可以看出，CH341A 下载器只有在 Top Layer(顶层信号层)有元件和导线，而 Bottom Layer(底层信号层)是空的。如果要让电路板变得更小，我们也可以将电阻、电容等器件设置在底层，利用过孔实现双面走线。

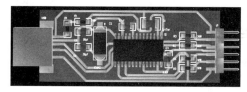

图 6-24　CH341A 下载器 PCB 3D 显示

项 目 总 结

在含有 SMT 元件的 PCB 设计中，应注意所选元件的封装应与实际元件的外形尺寸相一致，如果某个 SMT 元件的封装在 99SE 封装库中找不到，则需自己定义。

自定义 SMT 元件封装的步骤：

(1) 按照元件尺寸参数，在 Top Over Layer(顶层丝印层)绘制元件的投影轮廓。

(2) 确定焊盘位置，放置焊盘。SMT 元件的焊盘在 Top Layer(顶层信号层)，孔径为 0。

(3) 修改焊盘的尺寸，在 Top Over Layer(顶层丝印层)绘制标注信息。

(4) 保存并使用。

PCB 布线的方法与之前所讲基本相同，不过在设计时要注意导线的走线层，合理安排过孔的位置，让走线更加方便。

实 践 训 练

 实践训练一：SMT 元件封装设计

【训练目标】

熟悉 Protel 99SE 软件的基本操作，掌握 Protel 99SE 软件绘制 SMT 元件封装的基本操作方法。

【训练流程】

(1) 在自定义元件封装库中，创建新元件，根据所给封装名称为其命名。

(2) 根据所给元件尺寸参数，绘制元件封装。

(3) 保存并使用。

【训练题目】

(1) 贴片整流桥封装设计。

1A 贴片整流桥尺寸参数如图 6-25 所示，此封装命名为 BRIDGE2。

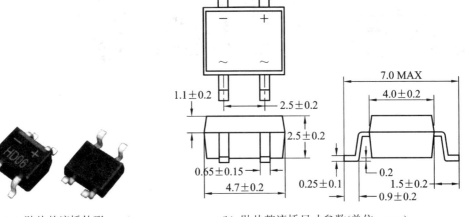

(a) 贴片整流桥外形　　　　　　　　　(b) 贴片整流桥尺寸参数(单位：mm)

图 6-25　贴片整流桥

(2) 贴片 LM7805 封装设计。

贴片 LM7805 的尺寸参数如图 6-26 所示，该封装命名为 D_PAK1。

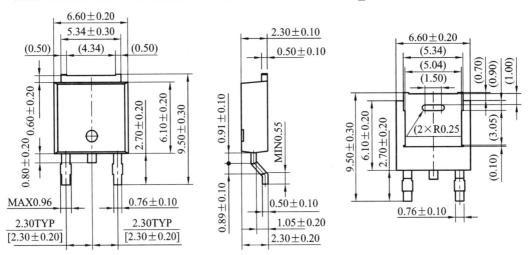

图 6-26　贴片 LM7805 封装尺寸(单位：mm)

 实践训练二：含有 SMT 元件的 PCB 设计

【训练目标】

熟悉 Protel 99SE 软件的基本操作，掌握 Protel 99SE 软件绘制含有 SMT 元件的 PCB 布局布线的基本方法。

【训练流程】

(1) 新建设计数据库，根据电路原理图名称为其命名。

(2) 绘制电路原理图，根据表中所给参数，修改元件封装。

(3) 自定义特殊元件封装。

(4) 创建网络表。

(5) 新建 PCB 文件并加载网络表，按照要求完成 PCB 布局布线。

【训练题目】

文氏桥振荡电路设计。

文氏桥振荡电路原理图参考项目一图 1-86。本次训练中，使用 SMT 元件设计 PCB。具体要求如下：

(1) 单面板布局布线，最小线宽不小于 0.8 mm，电源线和地线适当加粗。

(2) 元件封装见表 6-3。

表 6-3　文氏桥振荡电路 SMT 封装

元件	封装	元件	封装
电阻	1206	电解电容	7257
无极电容	1812	三极管	SOT-23
VCC	SIP3_2	可调电阻	EVM2N

在表 6-3 中，VCC 的封装 SIP3_2 可以根据图 6-18 所给出的 SMT 单列接口的尺寸参数绘制，只需要保留两个引脚即可。贴片可调电阻的外形如图 6-27 所示，其尺寸参数如图 6-28 所示，贴片可调电阻的封装 EVM2N 需根据图 6-28 所给尺寸绘制。

 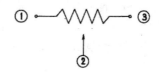

图 6-27　贴片可调电阻外形及结构

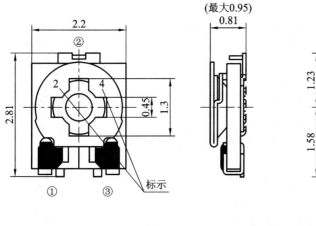 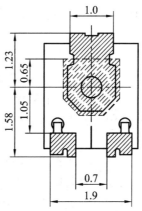

图 6-28　贴片可调电阻的尺寸参数(单位：cm)

项目七　8051 红外遥控接收电路(基于 Altium Designer 软件)

本项目是在 8051 红外遥控接收电路设计的基础上，讲解 Protel 99SE 的高级版本——Altium Designer 软件的基本使用方法。

Altium Designer 软件是原 Protel 软件开发商 Altium 公司推出的一款一体化的电子产品开发软件，主要运行在 Windows 操作系统。这套软件通过把原理图设计、电路仿真、PCB 绘制编辑、拓扑逻辑自动布线、信号完整性分析和设计输出等技术完美融合，为设计者提供了全新的设计解决方案，使设计者可以轻松地进行设计。熟练地使用这一软件必将使电路设计的质量和效率大大提高。

Altium Designer 软件相对于之前所讲的 Protel 99SE 软件，功能更加强大，对计算机性能的要求也较高，但是快捷操作、菜单命令等信息与 99SE 基本相同。我们已经熟悉了 99SE 的基本使用方法，学习 Altium Designer 软件就相对比较容易。本项目中所用的"8051 红外遥控接收电路"的电路原理图如图 3-1 所示。下面介绍 Altium Designer 软件从原理图到 PCB 设计的全过程。

7.1　Altium Designer 软件中的工程创建

双击打开 Altium Designer 软件，进入初始界面，如图 7-1 所示。

初始化界面中包含 File(文件)、View(视图)、Project(工程)、Window(窗口)、Help(帮助)等 5 个菜单栏。在进行设计之前，我们首先要通过 File 菜单建立一个工程文件，以便完成从原理图到 PCB 的完整设计过程。

软件基本操作

执行"File(文件)→New(新建)→Project(工程)→PCB Project(PCB 工程)"菜单命令进入 PCB 类型选择对话框，如图 7-2 所示。

在图 7-2 的对话框中直接选择 Protel Pcb 格式(默认)，点 OK 确认，系统自动创建 PCB 工程文件——PCB_Project1.PrjPCB，如图 7-3 所示。

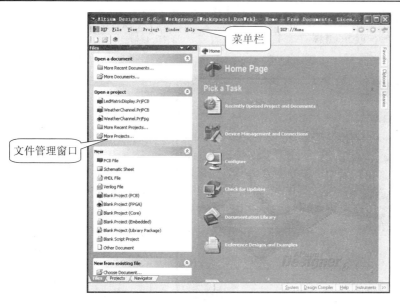

图 7-1 Altium Designer 软件初始界面

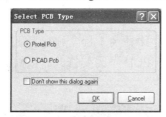

图 7-2 PCB 类型选择

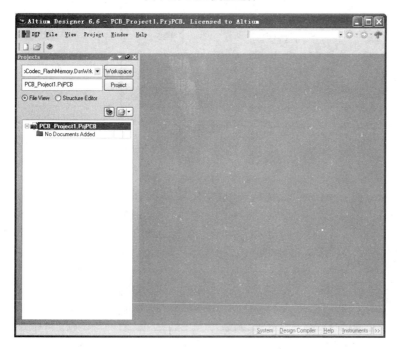

图 7-3 新建工程文件

在图 7-3 的界面下需要修改新建的 PCB 工程文件的文件名和保存路径。执行"File(文件)→Save Project(保存工程)"菜单命令，保存工程文件，如图 7-4 所示。

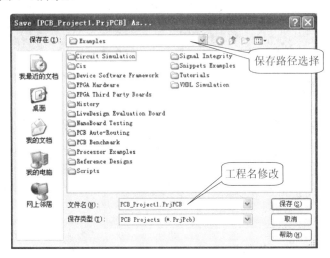

图 7-4　PCB 工程保存对话框

在图 7-4 所示的对话框中，需要修改保存路径及工程名称。将工程名改为"8051 红外遥控接收电路"，后缀名.PrjPCB 不需要修改。工程保存完成后如图 7-5 所示。

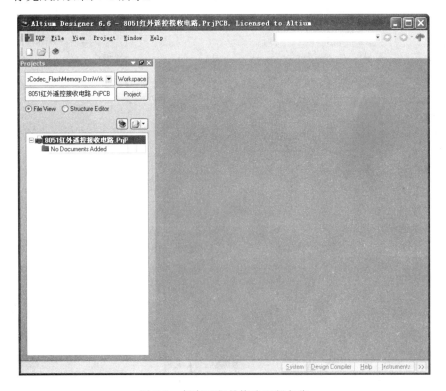

图 7-5　保存工程并修改工程名称

可以看出，在执行完以上几步后，一个 PCB 工程文件就创建好了，但是工程文件并不代表可以执行的设计文件，我们需要在工程文件中创建我们所需要的设计文件，如原理图文件、PCB 文件、封装库文件等。

7.2　自定义元件

在 8051 红外遥控接收电路中，AT89C2051 单片机的原理图符号在 Altiun Designer 软件中找起来比较麻烦，我们可以自己定义。在之前创建好的工程文件中，选中"8051 红外遥控接收电路.PrjPCB"，单击鼠标右键，为工程添加设计文件，如图 7-6 所示。

自定义原件原理
图符号

图 7-6　为工程添加设计文件

这里可以添加的设计文件包含 Schematic(原理图文件)、PCB、Schematic Library(原理图元件符号库文件)、PCB Library(元件封装库)等文件类型。这里我们需要添加一个 Schematic Library。选择 Schematic Library 后即可看出工程文件下已经有了一个原理图元件符号库文件了，如图 7-7 所示。

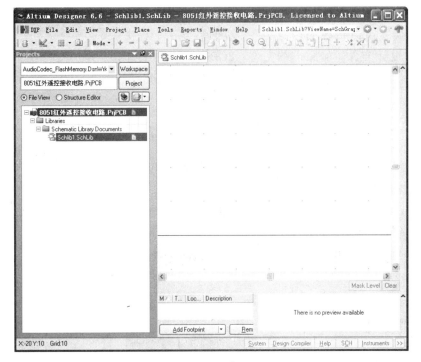

图 7-7　添加原理图元件库文件

　　新添加的文件默认名称为"Schlib1.Schlib"，我们需要修改文件名称和保存路径。执行"File(文件)→Save(保存)"菜单命令，在出现的对话框中对文件名进行修改，默认保存路径就是之前创建工程的保存路径，在这里可以不用修改，如图 7-8 所示。

图 7-8　修改添加文件名称

　　文件名称和保存路径修改完成后，单击保存即可。保存后的界面如图 7-9 所示。

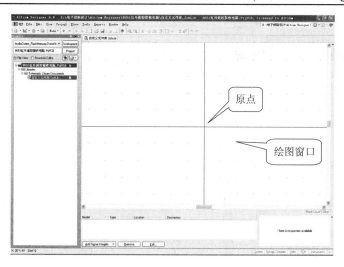

图 7-9　自定义原理图元件符号库文件

　　和 99SE 一样，在绘制元件原理图符号时，也需要以绘图区域的原点为基准绘制。图 7-9 界面的右下角，执行"SCH(原理图)→SCH Library(原理图库)"菜单命令，打开元件原理图库管理窗口，如图 7-10 所示。

图 7-10　元件原理图库管理窗口

　　可以看出，在此窗口下，在 Components(元件)列表下只有一个元件，默认名称为 COMPONENT_1，选中该默认器件后，执行"Tools(工具)→Rename Component(重命名元器件)"菜单命令，更改元件名称为 AT89C2051，如图 7-11 所示。

　　这样就可以在绘图窗口中绘制 AT89C2051 原理图符号。绘制元件符号可以利用主工具栏中的绘图工具，如图 7-12 所示。

图 7-11　更改元件名称

图 7-12　主工具栏中的绘图工具

　　绘图工具中包含放置直线、曲线、圆弧、多边形、字符、文本、元件向导、矩形填充、元件引脚等图形的信息。在绘制 AT89C2051 元件符号时，首先在绘图的原点放置矩形填充，然后放置引脚，修改引脚序号和名称，最终绘制完成的 AT89C2051 元件模型如图 7-13 所示。绘制元件原理图符号的基本方法与 99SE 基本相同。

1	RST/Vpp	VCC	20
2	P3.0/RXD	P1.7	19
3	P3.1/TXD	P1.6	18
4	XTAL2	P1.5	17
5	XTAL1	P1.4	16
6	P3.2/INT0	P1.3	15
7	P3.3/INT1	P1.2	14
8	P3.4/T0	P1.1	13
9	P3.5/T1	P1.0	12
10	GND	P3.7	11

图 7-13　绘制完成的 AT89C2051

　　元件原理图符号绘制完成后，可以在 SCH 库管理器中查看相关信息，其中包含元件名称、引脚信息等，如图 7-14 所示。

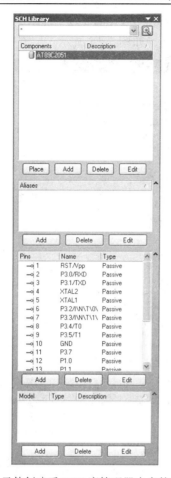

图 7-14　元件创建后 SCH 库管理器内容的变化情况

注意：在绘制元件的原理图符号时，元件引脚的电气节点应该朝外，这和 99SE 中的操作过程是一致的。如果还需要再创建其它元件的原理图符号，可以执行"Tools(工具)→New Component(新元件)"菜单命令新建即可。

实际上，Altium Designer 软件中创建元件原理图符号的方法和 99SE 类似，操作过程也基本相同，读者可以自行练习，这里不再赘述。

7.3　Altium Designer 软件中的原理图绘制基础

7.3.1　原理图文件的创建与保存

8051 红外遥控接收电路中所需要的元件原理图符号创建完成后，就可以绘制电路原理图了。在此之前，我们需要在"8051 红外遥控接口电路"的工程文件中添加一个原理图文件。添加方法与之前的元件原理图符号库文件的添加方法相同。在工程管理窗口选中"8051 红外遥控接收电路.PrjPCB"，单击鼠标右键依次选择 Add New to Project(为工程添加新文件)和 Schematic(原理图)文件，添加后的结果如图 7-15 所示。

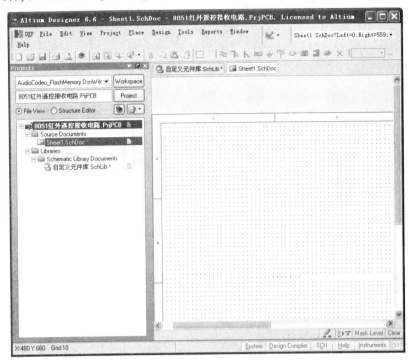

图 7-15　添加原理图文件

添加完成后，执行"File(文件)→Save(保存)"菜单命令，保存原理图文件并对文件重命名，命名为"8051 红外遥控接收电路.SchDoc"，保存后的界面如图 7-16 所示。

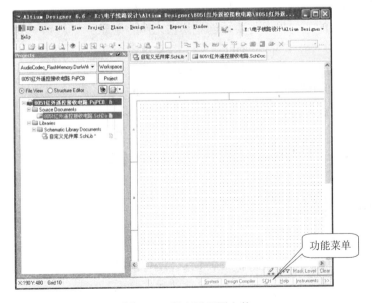

图 7-16　保存原理图文件

7.3.2　元件放置及属性修改

原理图文件保存好后，要绘制电路原理图，首先需要调用元件库，在 Altium Designer 软件中，可以执行右下角的菜单命令"System(系统)→Libraries(库)"，调出元件库列表，如图 7-17 所示。

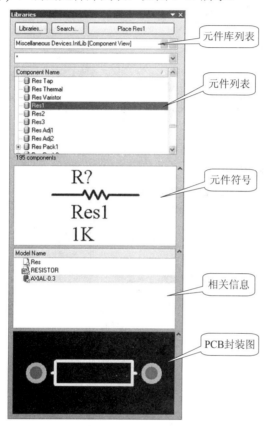

图 7-17　元件库列表

在默认状态下，ALtium Designer 软件中原理图编辑器文件可以调用的元件库有两个：Miscellaneous Devices.SchLib 和 Miscellaneous Devices.IntLib，电路原理图绘制中常用的电阻、电容、电感、二极管、三极管、接口等器件都能在这两个库中找到。同时在元件库列表中还能看到我们自己创建的"自定义元件库.SchLib"，其内部有一个元件即我们之前定义的 AT89C2051。元件库中的基本元件大家可以自行查看。

原理图绘制中，元件放置和旋转的基本操作与之前的 99SE 软件相同，当在元件库中找到合适的元件后，双击即可快速放置元件。比如我们在"自定义元件库.SchLib"中找到 AT89C2051，选中后双击鼠标左键，这时可以看到元件悬浮在图纸上方，移动鼠标，在适当的区域单击鼠标左键即可完成元件放置。单击鼠标右键可以取消元件放置操作，如图 7-18 所示。

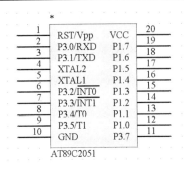

图 7-18　放置元件

修改元件参数：在原理图绘制中，所有元件都必须有唯一的标号，同时要对元件的基本信息进行修改。

操作方法：将鼠标光标移动到所需修改的元件上方，双击左键即可进入元件属性参数对话框，如图 7-19 所示。

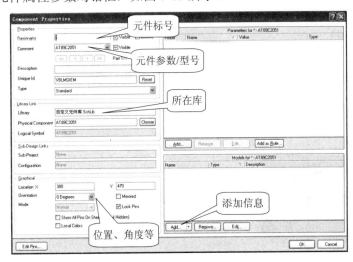

图 7-19　元件属性参数设置对话框

在元件属性对话框中，我们需要设置的元件的基本信息包括：元件标号、元件参数/型号。在这里我们将元件标号改为 U1，元件型号已经有了，不需要修改。继续查找封装库，选择对应的元件进行布局。

7.3.3　电路连接

放置完元件，修改好元件参数后，需要进行连线。这在导线绘制中要利用布线工具栏，如图 7-20 所示。

图 7-20　布线工具栏

在基本的原理图绘制中，常用工具有放置导线、放置总线、放置总线分支、放置网络标记和放置电源对象等工具，这和 99SE 中的布线工

具图标一致，且操作方法也基本相同。根据图 3-1，在 Altium Designer
软件中绘制 8051 红外遥控接收电路。

　　在放置导线等电气连接对象时，也可以在 Place 菜单栏中查找对应
工具，还可以在绘图窗口单击鼠标右键，在下拉菜单中选择 Place 来查
找放置对象，如图 7-21 所示。

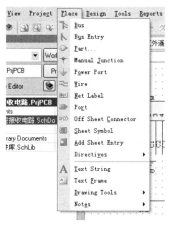 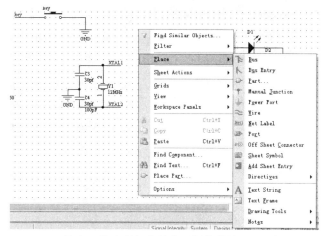

　(a) 在 Place 菜单栏中查找　　　　　(b) 工作窗口单击鼠标右键在下拉菜单的 Place 中查找

图 7-21　放置电气连接对象的两种操作方法

　　通过以上内容的学习，8051 红外遥控接收电路的电路原理图就能够
在 Altium Designer 软件中绘制出来了，原理图绘制完成后，应及时保存
设计文件。

7.4　自定义元件封装

　　在 PCB 设计中，我们需要给原理图中的每一个元件设置一个合适的
元件封装。有的封装可以在默认封装库中找到，但是有些元件封装需要
自己定义。本项目所用到的元件封装见表 7-1。

自定义元件封装

表 7-1　8051 红外遥控接收到电路元件封装

元　件	封装名称	元　件	封装名称
AT89C2051	DIP20	发光二极管	LED_5MM
电阻	AXIAL0.3	三极管	TO-92C
POWER	HDR1X6	RES	HDR1X9
C1，C2	RB.1/.2_1	C3，C4	RAD0.1
KEY	SW_PB	Remote	RF_IN
MOTO	AXIAL0.3	Y1	R38

7.4.1　新建 PCB 封装库文件

　　在 Projects 窗口选中"8051 红外遥控接收电路.PrjPCB"的工程文件，

单击鼠标右键在下拉菜单中选择 Add New to Project(为工程添加新文件)，添加 PCB Library(PCB 库)文件，操作过程如图 7-22 所示。

图 7-22　为工程添加 PCB 封装库文件

添加完成后，将该文件命名为"自定义元件封装.PcbLib"，并保存在当前工程下，如图 7-23 所示。

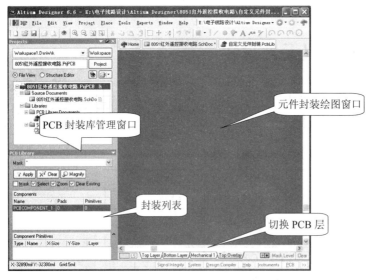

图 7-23　新建 PCB 封装库文件

7.4.2　修改元件封装名称

在图 7-23 所示的 PCB 封装库编译器中，可以看出有一个 PCB Library(封装库)管理窗口，其中包含一个默认封装名称：PCBCOMPONENT_1，选中该默认封装后双击，进入封装信息修改对话框，如图 7-24 所示。修改元件封装名称为 RB.1/.2_1，该封装为 10 uf 电解电容的封装，两个焊盘之间的间距为 100 mil，垂直投影轮廓为一个圆，直径为 200 mil。

图 7-24　元件封装信息修改对话框

7.4.3　绘制元件封装

修改完元件封装名称，将鼠标光标放在绘图窗口，放大图纸可以看出明显的栅格。在绘制元件封装时，需要在坐标原点绘制元件封装。

查找原点：执行"Edit(编辑)→Jump(跳转)→Reference(原点)"菜单命令，即可跳转到绘图区域的坐标原点。或者通过执行"Edit(编辑)→SetReference(设置原点)→Location(位置)"菜单命令，将光标指定点设置为坐标原点。原点设置的两种方法如图 7-25 所示。

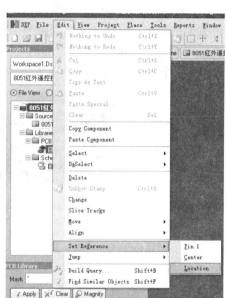

(a) 跳转到原点　　　　　　　　　　　(b) 设置某一位置为原点

图 7-25　设置坐标原点

RB.1/.2_1 封装对应的是红外遥控接收电路中的 C1 和 C2，由于这两个电容尺寸较小，两个引脚之间的间距 100 mil，在电路板上的垂直投影为圆形，且圆的直径为 200 mil。将电路板层切换到 Top Over Layer(顶层丝印层)，利用放置对象工具中的放置圆弧工具在坐标原点放置一个封闭圆弧，绘图工具栏如图 7-26(a)所示。鼠标双击该圆弧，进入属性参数设置对话框，以上操作过程如图 7-26(b)所示。

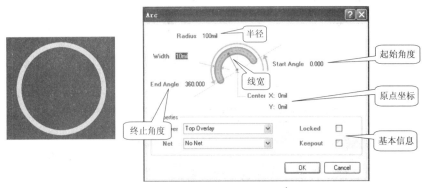

(a) 画图工具栏

(b) 放置对象工具栏，放置圆形，圆形属性参数对话框

图 7-26　在圆点放置封闭圆弧

在圆弧属性设置对话框中，我们需要修改圆的半径尺寸为 100 mil，因为要做一个封闭圆，所以角度是从 0 开始，360 结束。圆心的坐标在 (0,0)点；线宽默认为 10 mil 不需要修改。圆形参数设置完成后，在 X 轴上放置两个焊盘，焊盘之间的间距为 100 mil，两个焊盘水平对称。焊盘的孔径设置为 0.8 mm，外径 2 mm，圆形。这些设置参数都可以通过焊盘属性参数设置对话框修改，如图 7-27 所示。

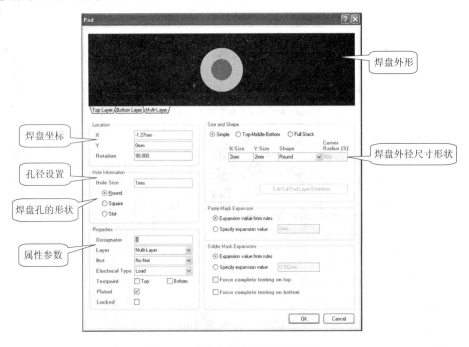

图 7-27　焊盘属性参数设置对话框

Altium Designer 软件中对于 THT 元件的焊盘外形可以有 4 种选择：圆形、八角、直角和直角圆弧，如图 7-28 所示。这个参数可以在图 7-27 的焊盘属性对话框的 Shape 参数中修改。如果对于焊盘没有特殊要求，THT 元件通常使用圆形焊盘。

图 7-28　焊盘的类型

焊盘放置过程中，需要对焊盘的序号进行设置。元件封装中焊盘的序号和元件原理图符号中引脚序号保持一致，极性电解电容原理图符号的引脚序号如图 7-29 所示。从图中可以看出，电解电容的正极引脚序号为 1，负极引脚序号为 2，所以在设置该元件封装时，焊盘的序号也应该是 1 和 2，且 1 号焊盘是电容的正极。

注：极性元件的引脚序号一定要与其原理图符号相一致。

图 7-29　电解电容原理图符号的引脚序号

修改焊盘的引脚序号可以在焊盘属性对话框的 Designator 中修改，如图 7-30 所示。

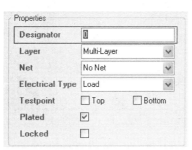

图 7-30　焊盘序号修改

设置完成后，在丝印层绘制正极标记，RB.1/.2_1 封装就设计完成了，参考封装如图 7-31 所示。

图 7-31　设计完成的 RB.1/.2_1 封装

Protel 99SE 软件中，设计好元件封装，可以直接在绘图窗口看到焊盘序号，但是在 Altium Designer 软件中，在放置完焊盘时是看不到焊盘序号的，虽然我们可以通过双击焊盘，在焊盘属性参数中查看，但是这样不方便。可以在软件属性参数中设置直接显示焊盘序号，执行"Tools(工具)→Preferences(属性)" 菜单命令，进入属性对话框，如图 7-32 所示。展开 PCB Editor(PCB 编辑器)，在下拉列表中选择 Board Insight Display(电路板洞察显示)，在其属性参数中将 Pad Numbers(焊盘序号)复选框选中，如图 7-32 所示。完成操作后点 OK 结束。这样我们就能够在封装库文件中看到当前自定义元件封装的焊盘序号，如图 7-33 所示。

注：在 99SE 软件中可以直接看到焊盘序号，但是 Altium Designer 软件中必须通过设置才能查看。

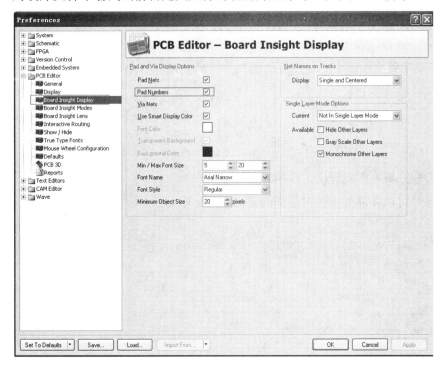

图 7-32　属性参数设置对话框

图 7-33　显示封装焊盘序号

元件封装绘制完成后，可以在 PCB Library 管理窗口中看到当前元件封装库中的封装信息，如图 7-34 所示。

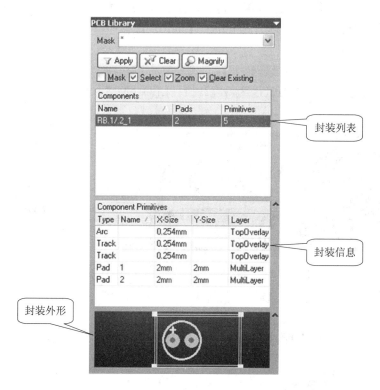

图 7-34　PCB 封装库封装信息

　　在当前封装创建完成后，如果我们需要新建其它元件的封装，可以在当前 PCB 封装库文件中执行 "Tools(工具)→New Black Component(新元件)"，创建一个新的封装。

　　在这里我们还需要创建 AT89C2051 的封装 DIP20，发光二极管的封装 LED_5MM，三极管的封装 TO-92C，红外一体化接收图的封装 RF_IN 和按键的封装 SW_PB。这些元件的尺寸参数在我们之前所给的项目中都有描述，请自行设计。

　　注意：DIP20 封装属于双列直插集成芯片封装中的一个标准封装，该封装的起始引脚(1 脚)在左下角。同一排相邻焊盘之间的间距是 100 mil(2.54 mm)。两行焊盘之间的距离为 300 mil，其参考封装图形如图 7-35 所示。

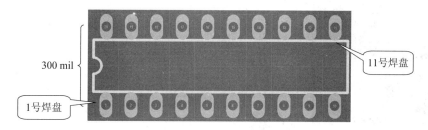

图 7-35　绘制完成的 DIP20 封装

LED_5MM 封装对应圆柱式直插发光二极管的封装，投影轮廓的直径是 5 mm。该封装中两个元件之间的距离为 100 mil(2.54 mm)。焊盘序号从左向右依次为 1，2。

　　RF_IN 封装是红外一体化接收头的封装，该元件的尺寸参数已在项目三的图 3-13 中给出。焊盘序号从左向右依次为 3，2，1。LED_5MM 和 RF_IN 的参考封装见图 7-36。

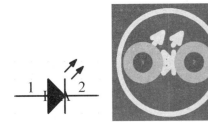

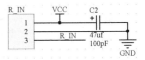

图 7-36　绘制完成的 LED_5MM 封装和 RF_IN 封装

　　SW_PB 是按键的封装，该封装的尺寸参数已在图 3-12 中给出，需要注意的是 SW_PB 封装中上面两个焊盘的序号都是 1，下面两个焊盘的序号都是 2，这是因为按键的上面两个焊盘对应同一端，按键的参考封装如图 7-37 所示。

图 7-37　绘制完成的 SW_PB 封装

　　TO-92C 封装是红外遥控接收电路中我们自定义的三极管封装，该封装中两个水平焊盘之间的间距是 200 mil(5.08 mm)，上方焊盘距离下面两个焊盘的垂直距离为 100 mil(2.54 mm)且居中放置。焊盘序号从左向右依次为 1，2，3，参考封装如图 7-38 所示。

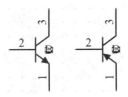

图 7-38　绘制完成的 TO-92C 封装

元件封装创建完成后，应记着保存。可以在 PCB Library(PCB 库)中查看元件封装信息，图 7-39 给出了我们绘制完元件封装后 PCB Library(PCB 库)的变化。

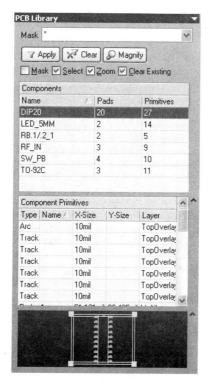

图 7-39　设计完成的封装库信息

7.5　元件封装的修改与自定义封装的使用

　　设计完元件封装，就可以在原理图中使用我们自己定义的元件封装。在 8051 红外遥控接收电路中，有些元件的封装可以直接使用 Altium Designer 软件中自带的封装，比如单列直插接口(POWER)、排阻(RES)、电阻、晶振(Y1)、无极电容(C3，C4)等。

　　在 8051 红外遥控接收电路中，所有电阻的封装修改为 AXIAL-0.3，POWER 封装使用默认 HDR1X6，排阻的封装使用默认 HDR1X9，晶振 Y1 的封装使用默认 R38，无极电容封装修改为 RAD0.1。

7.5.1　修改元件封装

　　如果在我们绘制的电路原理图中，元件的封装参数不是我们所需要的，但是这个封装在 Altium Desiger 软件中的封装库中能够找到，我们可以通过修改封装信息的方法修改元件封装。这里以电阻的封装修改方法举例。

在 8051 红外遥控接收电路原理图中找到任意一个电阻,鼠标双击出现元件属性对话框,如图 7-40 所示。从图中可以看出,原理图中电阻的默认封装为 AXIAL-0.4。

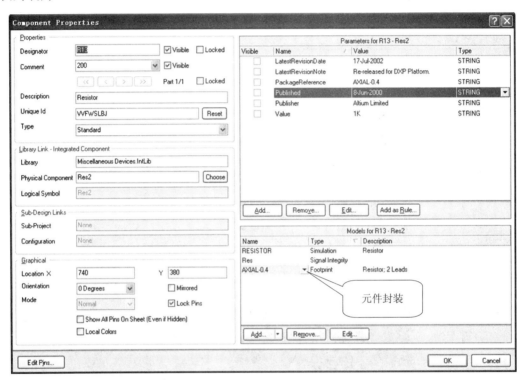

图 7-40　元件属性对话框

单击封装信息下方的 Add 按钮,在出现的下拉菜单中选择 Footprint,如图 7-41 所示。进入元件封装设置对话框,如图 7-42 所示。

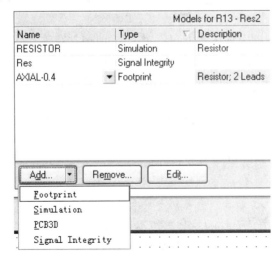

图 7-41　Add 下的封装信息

图 7-42　元件封装设置对话框

在图 7-42 中，单击 Browse(浏览)按钮，进入库浏览对话框，如图 7-43 所示。在图中单击 Libraries 后面的下拉箭头，可以看出当前能够使用的封装库名称。这里有三个封装库，"自定义元件封装库.PcbLib"是我们自己建立的，"Miscellaneous Devices.InLib"和"Miscellaneous Connectors.InLib"是系统默认添加的。

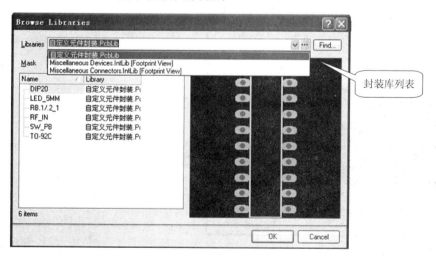

图 7-43　库浏览对话框

选中 Miscellaneous Devices.InLib，可以在其所给的元件封装列表中找到 AXIAL-0.3 封装，如图 7-44 所示。

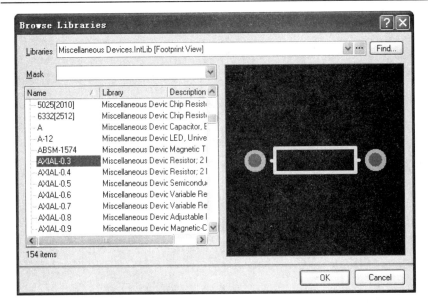

注：Altium Designer 软件中，很多原理图符号都自带元件封装，如果自带封装与实际应用不符，应及时修改。

图 7-44　Miscellaneous Devices.InLib 封装库

单击鼠标左键选中 AXIAL-0.3 封装，单击 OK 确定。回到浏览库文件对话框，可以看出我们已经为电阻选择好了 AXIAL-0.3 封装，如图 7-45 所示，单击 OK 确认。

图 7-45　修改电阻封装

这时，电阻的封装信息已经更改为 AXIAL-0.3，如图 7-46 所示。在此对话框中单击 OK 确认即可。通过以上操作即可将电阻的封装进行修改，而且该电阻之前的 AXIAL-0.4 封装还被保留下来，可以单击封装名称后面的下拉箭头进行查找，如图 7-47 所示。

图 7-46 修改完成的电阻封装

图 7-47 电阻的封装信息

通过以上方法，我们将所有电阻的封装修改为 AXIAL-0.3，POWER、排阻 RES、晶振 Y1 的封装使用默认。无极电容封装修改为 RAD0.1，电机接口 MOTO 的封装修改为 AXIAL-0.3。

Altium Designer 软件中自带很多标准器件封装库，但是要熟悉这些封装库中的元件信息比较麻烦，新建的文件中自带两个默认封装库：Miscellaneous Devices.InLib 和 Miscellaneous Connectors.InLib，其中包含了常用电阻、电容、二极管、双列直插、单列直插、可调电阻等 THT 元件和 SMT 元件的封装，大家可以在封装库中查询。

7.5.2 使用自定义封装

在 8051 红外遥控接收电路中，AT89C2051、按键、红外一体化接收头、三极管、发光二极管的封装是我们自己定义的。我们以 AT89C2051 为例，讲解添加自定义元件封装的方法。在原理图编辑器中鼠标左键双击 U1：AT89C2051，进入元件属性参数设置对话框，如图 7-48 所示。

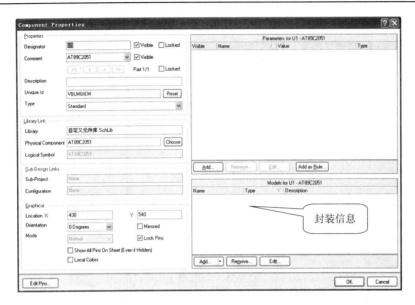

图 7-48　AT89C2051 属性对话框

AT89C2051 是我们自定义的元件原理图符号，它的属性信息中封装信息是空白的。在图 7-48 界面中单击封装信息中的 Add 按钮，在下拉菜单中选择 FootPrint，进入元件封装设置对话框，如图 7-49 所示。

图 7-49　元件封装设置对话框

单击 Browse(浏览)按钮，进入元件封装库浏览对话框，如图 7-50 所示。

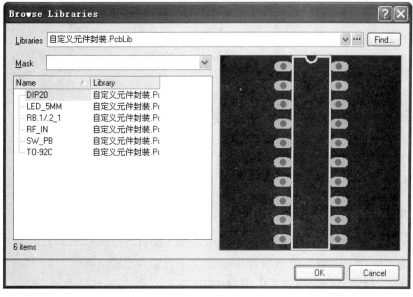

图 7-50 封装库浏览对话框

在图 7-50 的封装库浏览对话框中选择"自定义元件封装库.PcbLib"，在封装列表中选择 DIP20 封装，单击 OK 确认，即可完成自定义封装添加操作，如图 7-51 所示。

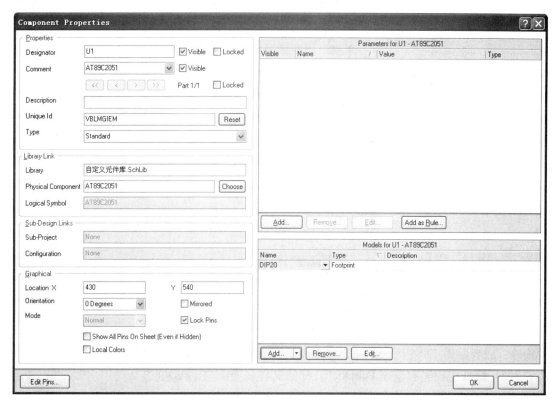

图 7-51 设置好的 AT89C2051 封装

8051 红外遥控接收电路中，红外一体化接收头 R_IN、按键、发光二极管、三极管、电解电容的封装都可以在"自定义封装库.PcbLib"中进行添加。

7.6　Altium Designer 软件中 PCB 设计基础

当我们在原理图中为每一个元件设置完成封装信息后，就可以进行电路的 PCB 设计，其基本流程如下。

7.6.1　创建 PCB 文件

在 Altium Designer 软件左边的 Projects 管理窗口中找到"8051 红外遥控接收电路.PrjPCB"文件，选中后单击鼠标右键，在下拉菜单的 Add New to Project(为工程添加新文件)列表中选择 PCB 文件，如图 7-52 所示。

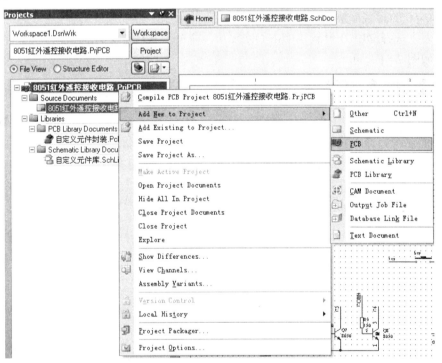

图 7-52　为工程添加 PCB 文件

新建结果如图 7.53(a)所示。然后执行"File(文件)→Save(保存)"菜单命令，或者单击工具栏中的保存工具图标，保存当前 PCB 文件，命名为"8051 红外遥控接收电路.PcbDoc"。注意文件名中的".PcbDoc"是 PCB 文件的后缀名，不需要修改。保存后的工程管理窗口如图 7-53(b)所示，可以看出整个工程文件中的文件有两种类型：Source Documents(源文件)和 Libraries(库文件)，原理图和 PCB 文件都属于 Source Documents，自定义元件封装和自定义元件库文件都属于 Libraries。

(a) 新建 PCB 文件　　　　　　　　(b) 保存 PCB 文件

图 7-53　新建 PCB 文件并保存

7.6.2　从原理图导入 PCB

切换到 8051 红外接收电路.SchDoc 原理图文件，执行"Design(设计)→Update PCB Document(更新到 PCB 文件)8051 红外接收电路.PcbDoc"命令，如图 7-54 所示，进入 Engineering Change Order(工程更新操作顺序)对话框，如图 7-55 所示。

注：Altium Designer 软件从原理图导入 PCB 的过程与 99SE 软件不同，一定要注意。

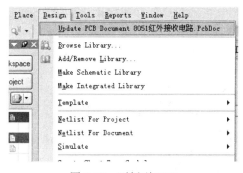

图 7-54　更新到 PCB

图 7-55　工程更新操作顺序对话框

单击 "Validate Changes(确认更改)" 按钮，系统将扫描所有的更改操作项，并判断执行过程中是否出现错误，更新后的结果在 Check 中给出，如图 7-56 所示。

　　在图 7-56 中，表示当前更改选项没有错误。在更新到 PCB 之前，需要查看是否在更新中出现错误，若有错误，需要在原理图中修改对应元件信息直到所有错误全部修复。如果只需要查看错误信息，将 "Only Show Errors(仅显示错误)" 选中即可。

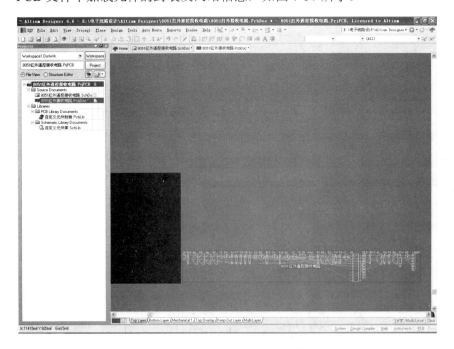

图 7-56　更新后的结果信息

　　更新完成，没有错误，在图 7-56 界面下单击 "Execute Changes" 执行更改按钮，完成更新操作。这时就能够在 8051 红外遥控接收电路的 PCB 文件中加载元件的封装及网络信息，如图 7-57 所示。

图 7-57　更新完成的 PCB 文件

7.6.3　绘制 PCB 的机械层边界

一般电路的 PCB 设计有两种方法：

(1) 先布局，然后绘制机械层边界。

(2) 先规定机械层边界，然后在规定好的机械层边界中进行布局布线。

在 8051 红外遥控接收电路的 PCB 设计中，其机械层边界尺寸要求如图 7-58 所示。

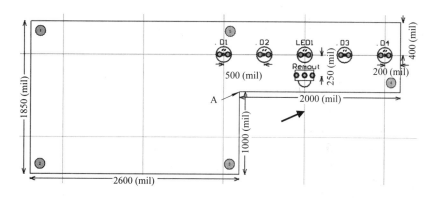

图 7-58　8051 红外遥控接收电路 PCB 机械层尺寸(单位：mil)

图 7-58 中还规定了特殊元件的位置信息，这 5 个 LED 和红外一体化接收头在规定好 PCB 机械层边界后再进行放置。在 PCB 的边角位置有 5 个铜柱支撑焊盘，这 5 个焊盘的孔径为 3 mm，外径为 4 mm，距离电路板机械层边界尺寸为 3 mm。在绘制该图的机械层尺寸时，可以将 A 点设置为原点，然后利用坐标修改的方法绘制 PCB 的机械层边界。

在 PCB 编译器中，可以在绘图区域的下方找到层切换选择区，如图 7-59 所示。同时能够在左边看到当前层默认的颜色。Altium Designer 软件中 PCB 层的定义与 99SE 相同，在设置机械层边界时，需要选中 Mechanical 1(机械层 1)。

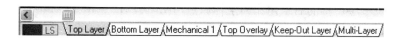

图 7-59　层切换选择

在绘制该图的机械层尺寸时，我们可以将图 7-58 中的 A 点设置为原点，然后利用坐标修改的方法绘制 PCB 的机械层边界。机械层边界可以使用绘图工具中的"绘制直线"命令来定义，默认线宽为 10 mil，绘图工具栏如图 7-60 所示。

图 7-60 绘图工具

在 Altium Designer 软件中绘制完成的 8051 红外遥控接收电路 PCB 机械层尺寸如图 7-61 所示。

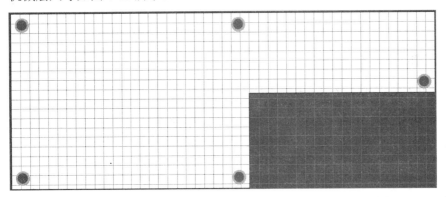

图 7-61 8051 红外遥控接收电路 PCB 边界尺寸

7.6.4 设置特殊元件的位置

图 7-58 给出了 5 个 LED 和红外一体化接收头的位置信息。在绘制完成 PCB 机械层边界后，首先需要将这 5 个元件的位置进行排列。在放置时，最准确的是利用设置元件坐标和布局工具来实现元件位置排列。

我们可以将图 7-61 中机械层边框的右上角作为坐标原点，图 7-58 中 D4 的坐标为(−200 mil，−400 mil)。由于 5 个发光二极管之间的间距是固定的 500 mil，所以可以通过设置坐标的方法实现对元件位置的确定。

在 PCB 文件中选中 D4，双击鼠标左键，进入元件封装属性对话框，如图 7-62 所示。

将元件位置坐标中的 X-Location(X 轴坐标)和 Y-Location(Y 轴坐标)更改为(−200 mil，−400 mil)，再利用同样的方法修改其余发光二极管和红外一体化接收头的位置即可。

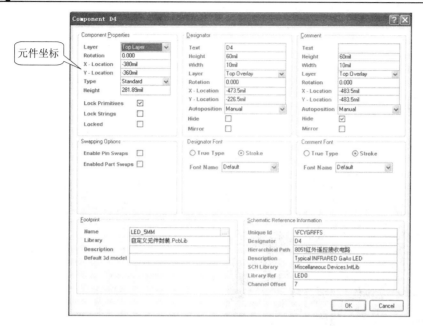

图 7-62　元件封装属性对话框

7.6.5　元件布局

在规定好特殊元件的位置后，其余元件排列在机械层的其余位置即可。由于该电路的 PCB 布局在项目三中已经讲解过，这里不再赘述，读者可以自行完成。

要说明的一点，在 Altium Designer 软件中，PCB 文件更新后显示的元件封装信息中没有元件参数，只有元件标号，如图 7-63 所示。

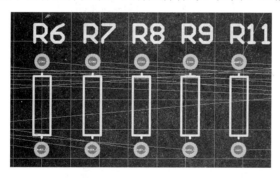

图 7-63　PCB 文件中的元件信息

若需要显示该元件的参数信息，可以通过以下操作完成。将光标移动到所需设置的元件上方，双击进入元件封装属性对话框，见图 7-62。将 Comment 信息表中的 Hide 关闭，取消选中，如图 7-64(a)所示。最终的修改结果如图 7-64(b)所示，可以在 PCB 编辑器中看到元件的参数信息。

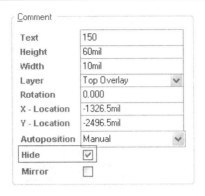

(a) 显示元件参数修改方法

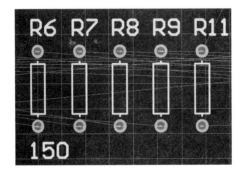

(b) 修改显示参数的效果

图 7-64　显示元件参数的修改方法与效果

以上操作只适用于某一器件，如果要对 PCB 中所有的元件统一修改使其显示参数信息，可以通过以下操作进行。

在 PCB 中鼠标左键单击选中任一元件，然后单击鼠标右键，在出现的下拉菜单中选择 Find Similar Objects(查找相似对象)，如图 7-65 所示，系统进入 Find Similar Objects 对话框，如图 7-66 所示。

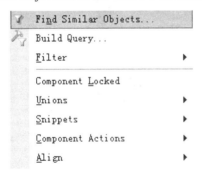

图 7-65　查找相似对象

将图 7-66 中的 Show Comment(显示注释)复选框选中，后面的 Same 选项选择 Any，单击 OK，系统进入 PCB Inspector(PCB 检查)对话框，如图 7-67 所示。

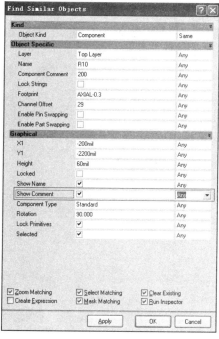

图 7-66　查找相似对象对话框

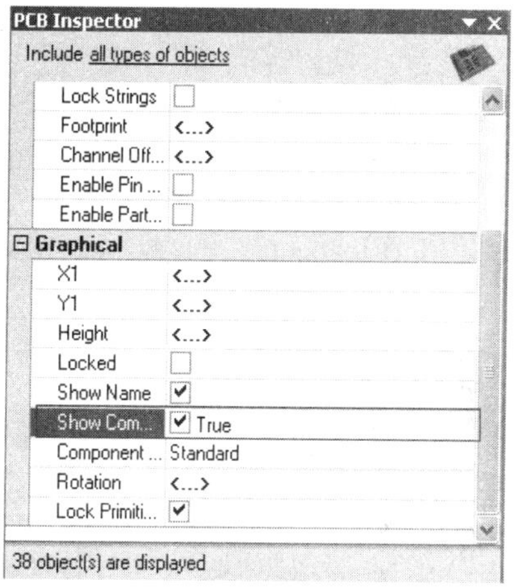

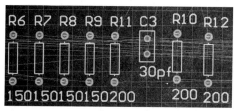

图 7-67　PCB 检查对话框

注：全局对象属性
　　修改时，必须
　　先更改一个，
　　然后再全局修
　　改才可以完成
　　以上操作。

　　　将其中 Graphical(图像)部分的 Show Comment 复选框选中，关闭当前界面，即可看到之前 PCB 中所有元件封装的参数信息全部都显示出来了，如图 7-68 所示。

图 7-68　PCB 中元件参数显示

元件的标号和参数信息在 PCB 文件中，默认高度为 60 mil，线宽为 10 mil，这个尺寸相对来说有点大，如果需要对元件的参数信息进行更改，也可以使用统一参数设置的方法。具体操作步骤：在 PCB 文件中单击鼠标左键选中任一元件的显示参数，单击鼠标右键在出现的对话框中选择 Find Similar Objects(查找相似对象)，在系统出现的对话框中直接点 OK 进入 PCB Inspector(PCB 检查)对话框，如图 7-69 所示。修改文本标记的 Height(高度)值为 40 mil，Width(线宽)值为 8 mil。

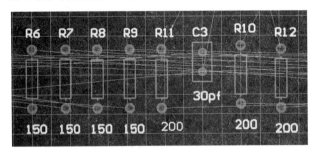

图 7-69　PCB 检查中修改文本标记参数

修改完成后直接单击键盘回车键，关闭 PCB Inspector 窗口即可。元件文本标记尺寸修改完成后的结果如图 7-70 所示。

图 7-70　修改完成后的元件文本标记尺寸

这时，单击软件右下角的 Clear(清除)按钮，即可恢复图形显示状态，如图 7-71 所示。

图 7-71　清除阴影

以上操作基本熟悉后，就可以在我们规定好的 PCB 机械层边界中进行元件布局的操作，8051 红外遥控接收电路的参考 PCB 布局如图 7-72 所示。

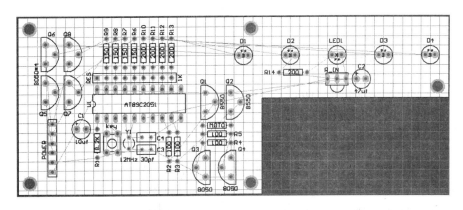

图 7-72 原图

图 7-72　8051 红外遥控接收电路参考 PCB 布局

7.6.6　PCB 规则设置与 PCB 布线

Altium Designer 软件和 99SE 软件一样，在进行 PCB 布线之前，需要对设计规则进行设置。在 PCB 编辑器中执行"Design(设计)→Rules(规则)"菜单命令，进入 PCB Rules and Constraints Editor(PCB 规则与约束编译器)对话框，如图 7-73 所示。

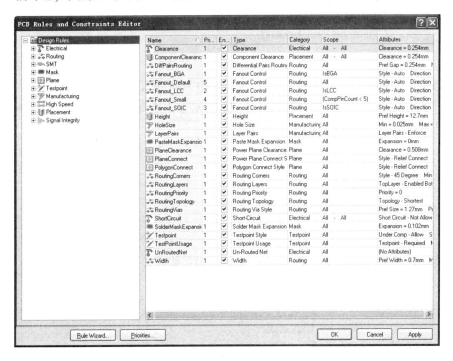

图 7-73　PCB 规则与约束编译器对话框

Altium Designer 软件中包含以下设计规则：

(1) Electrical(电气规则)：包括 Clearance(间距)、Short-Circuit(短路)、Un-Routed Net(未布线的网络)和 Un-Connected Pin(未连接的引脚)等 4 项设计规则，如图 7-74 所示。

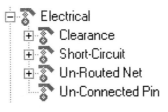

图 7-74　电气规则

(2) Routing(布线规则)：包括 Width(线宽)、Routing Topology(布线拓扑)、Routing Priority(布线优先级)、Routing Layers(布线层)、Routing Corners(布线拐角)、Routing Via Style(过孔形式)、Fanout Control(扇出控制)、Differential Pairs Routing(差分线)等 8 项规则，如图 7-75 所示。

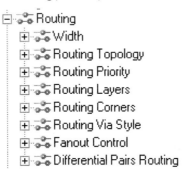

图 7-75　布线规则

(3) SMT(表面安装技术规则)：包括 SMD To Corner(SMD 到弯角)、SMD To Plane(SMD 到平面)、 SMD Neck-Down(SMD 到瓶颈)等 3 项规则，如图 7-76 所示。

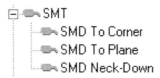

图 7-76　表面安装技术规则

(4) Mask(掩膜规则)：包括 Solder Mask Expansion(阻焊膜扩张量)、Paste Mask Expansion(助焊膜扩张量)等两项规则，如图 7-77 所示。

图 7-77　掩膜规则

(5) Plane(电源层设计规则)：包括 Power Plane Connect Style(电源层连接形式)、Power Plane Clearance(电源层间距)和 Polygon Connect Style(覆铜连接形式)等 3 项规则，如图 7-78 所示。

图 7-78 电源层设计规则

(6) Testpoint(测试点规则)：包括 Testpoint Style(测试点形式)、Testpoint Usage(测试点用法)等两项规则，如图 7-79 所示。

图 7-79 测试点规则

(7) Manufacturing(制造规则)：包括 Minimum Annular Ring(最小环孔)、Acute Angle(锐角)、Hole Size(孔径)和 Layer Pairs(层配对)等 4 项规则，如图 7-80 所示。

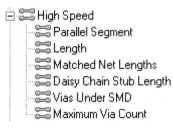

图 7-80 制造规则

(8) High Speed(高速规则)：包括 Parallel Segment(平行线段)、Length(长度)、Matched Net Lengths(匹配网络长度)、Daisy Chain Stub Length(菊花链支线长度)、Vias Under SMD(SMD 下过孔)和 Maximum Via Count(最大过孔数)等 6 项规则，如图 7-81 所示。

图 7-81 高速规则

(9) Placement(布局规则)：包括 Room Definition(定义规则)、Component Clearance(元件间距)、Component Orientations(元件方向)、Permitted Laycrs(允许层)、Nets to Ignore(忽略网络)、Height(高度)等 6 项

规则，如图 7-82 所示。

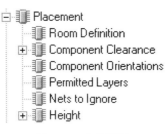

图 7-82 布局规则

(10) Signal Integrity(信号完整性规则)：包括 Signal Simulus(信号激励)、Overshoot – Falling Edge(过冲-下降沿)、Overshoot – Rising Edge(过冲-上升沿)、Undershoot – Falling Edge(反冲-下降沿)、Undershoot – Rising Edge(反冲-上升沿)、Impedance(阻抗)、Signal Top Value(信号峰值)、Signal Base Value(信号基值)、Flight Time – Rising Edge(延迟时间-上升沿)、Flight Time – Falling Edge(延迟时间-下降沿)、Slope – Rising Edge(斜率-上升沿)、Slope – Falling Edge(斜率-下降沿)、Supply Nets(电源网络)等 13 项规则，如图 7-83 所示。

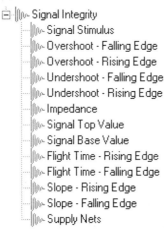

图 7-83 信号完整性规则

Altium Designer 软件 PCB 设计中所包含的这 10 项规则，并不是在所有的 PCB 设计中都会用到，设计者应该根据电路特性、设计方法、工艺流程来对设计规则进行参数设置。

在 8051 红外遥控接收电路的 PCB 设计中，最小间距软件默认值为 10 mil，如果需要更改，则可以在 Electrical(电气规则)中的 Clearance(间距)中修改。我们如果利用手工单面板布局布线方式对该电路进行布线，可以只设置 Routing(布线规则)中的 Width(线宽)。具体的设计规则为：选中 Electrical(电气规则)中的 Clearance(间距)，将 Max Width(最大线宽)设置为 2 mm，Preferred Width(典型值)设置为 0.7 mm，如图 7-84 所示。

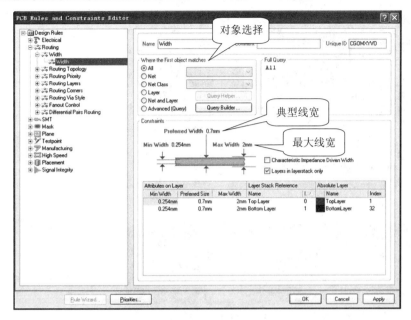

图 7-84　设置线宽

8051 红外遥控接收电路的 PCB 设计要求：

(1) 单面板布局布线，底层走线。

(2) 整板最小线宽 0.7 mm，电源线和地线宽度尽量加粗，电机驱动电路中线宽加粗。

(3) 电路板中能够加粗的导线尽量加粗。

8051 红外遥控接收电路的参考 PCB 布线效果如图 7-85 所示。

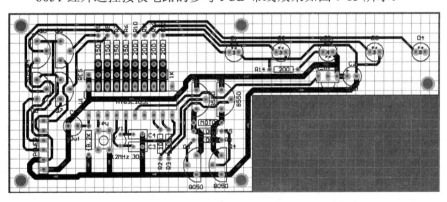

图 7-85 原图

图 7-85　参考 PCB 布线

7.6.7　3D 显示

在布局布线完成后，可以利用软件中的 3D 显示查看 PCB 布局和布线结果。执行"View(视图)→Board in 3D(3D 显示)"菜单命令，进入 3D 显示界面，如图 7-86 和图 7-87 所示。通过 PCB 的 3D 视图，可以方便查看元件的排列、走线效果等 PCB 布局布线信息。

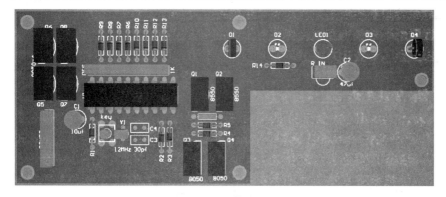

图 7-86　3D 显示正面

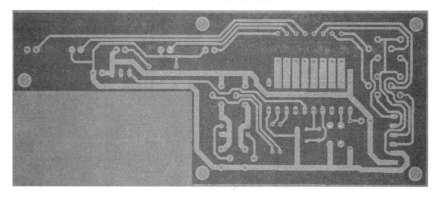

图 7-87　3D 显示背面

项 目 总 结

　　本项目以 8051 红外遥控接收电路为实例，讲解利用 Altium Designer 软件进行原理图到 PCB 设计的基本操作方法，步骤如下：

　　(1) 打开 Altium Designer 软件，创建一个 PCB 工程文件。

　　(2) 如果原理图中某些元件的原理图符号在库中不好找，可以自己定义，创建一个原理图库文件，自行绘制元件的原理图符号。

　　(3) 为工程添加一个原理图文件，绘制电路原理图，修改元件标号和元件参数，元件标号必须唯一。

　　(4) 新建 PCB 封装库文件，自行定义元件封装库中不好找的元件封装，保存封装库。

　　(5) 在原理图中修改元件封装信息。

　　(6) 为工程添加 PCB 文件，并将其从原理图界面更新到 PCB 文件。

　　(7) 在 PCB 文件中，定义所设计 PCB 的机械层边界，固定孔的开孔位置。

　　(8) 设置特殊元件的位置。

(9) PCB 布局。

(10) 在布线规则设置界面中设置相关规则。

(11) PCB 布线。

注意：本项目涉及的内容是从典型应用出发，讲解利用 Altium Designer 软件进行从原理图绘制到 PCB 设计的基本操作方法和常用菜单命令的使用。Altium Designer 软件功能非常强大，由于本书篇幅有限，所以只讲解了常用的操作过程，让大家能够快速上手。

实 践 训 练

【训练目标】

熟悉 Altium Designer 软件的基本操作，掌握 Altium Designer 软件从原理图到 PCB 的设计过程。

【训练流程】

(1) 在 Altium Designer 中新建 PCB 工程文件，以电路名称命名。

(2) 在 PCB 工程文件中新建元件原理图符号库文件，新建电路中所需要的元件符号。

(3) 在 PCB 工程文件中新建电路原理图文件，绘制电路原理图。

(4) 根据元件尺寸参数，创建 Altium Designer 自带封装库中没有的元件封装，并保存。

(5) 在 PCB 工程文件中新建 PCB 文件，根据电路要求绘制 PCB。

【训练题目】

1. 47 耳放电路的设计

47 耳放电路原理图如图 4-1 和图 4-2 所示。该电路中所需要的元件封装按照项目四的具体要求处理，可查看项目四中相关元件的尺寸参数。

PCB 设计要求：

(1) 单面板布局布线，器件分布应合理，音频输入、输出接口，电源接口和音量电位器放置在电路板的四周，方便接线。电路板尺寸不大于 100 mm × 80 mm 的矩形电路板。

(2) 元件封装见表 4-2。

(3) 线宽：电源线和地线宽度不小于 1.5 mm，信号线宽度不小于 1.2 mm，电路板四周放置四个孔径为 3 mm、外径为 4 mm 的安装定位孔，距离电路板边界 3 mm。

(4) 地线利用一点接地的方式处理。

2. CH341A 下载器电路设计

CH341A 下载器电路原理图参考图 6-1。该电路所需要的元件分装按照项目六的要求处理，具体查看项目六中相关元件的尺寸参数。

PCB 设计要求：

(1) 单面板布局布线：PCB 设计中所有元件均采用 SMT 方式安装，USB 接口和程序下载接口 J1 放置在电路板两端。电路板尺寸不大于 70 mm × 30 mm 的矩形电路板。

(2) 元件封装见表 6-2。

(3) 线宽：整板线宽不小于 0.6 mm，电源线和信号线适当加宽。

综 合 实 训

为了能够让读者更好地学习 Protel 99SE 软件和 Altium Designer 软件的基本操作，熟悉电路原理图到 PCB 设计的全过程，在这里给出 8 个比较复杂的电路原理图。通过这 8 个综合实训项目的练习，读者能够对电路 PCB 设计有更加深刻的理解。由于篇幅有限，这里只给出电路原理图，图中所需要的元件封装有些在之前的章节已经学习过，有些可能没有接触。对于后者，读者可以通过网络自行查找元件的尺寸参数，绘制元件封装，完成综合实训项目。

实训1 50 W 音频功率放大器设计

50 W 音频功率放大器电路的原理图如实训图 1 所示。

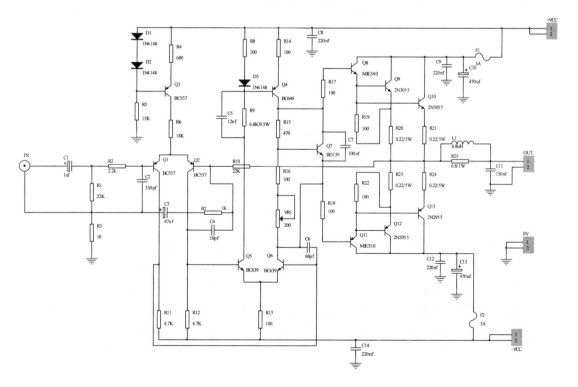

实训图 1　50 W 音频功率放大器单声道电路原理图

本电路图是一个典型的利用分立元件设计的 50 W 音频功率放大器的单声道电路原理图，在通常的立体声功放设计中，需要有两个相同电路负责左右声道的音频信号放大。电源供电电路可以使用常用的整流滤波电路，直流±40 V 双电源供电。

  实训图 1 中全部使用分立元件，大部分元件的封装在 99SE 封装库中都能找到，需要注意的是三极管的封装。本电路中使用了很多分立三极管，类型丰富，且外形尺寸和封装参数都不同，Q1/Q2/Q3(BC557)、Q4(BC649)和 Q5/Q6(BC639)外形相同，属于小型塑封三极管封装，可以直接使用 TO-92A 或者 TO-92B 封装，也可以根据实际情况对其封装进行修改。Q7(BD139)、Q8(MJE340)、Q11(MJE350)可以使用 TO-126 封装，Q9/Q10(2N3055)和 Q12/Q13(2N2955)金封三极管可以使用 TO-3 封装。这些三极管的外形如实训图 2 所示。虽然有些三极管的外形相同，但是由于引脚极性不同，所以在设计 PCB 时，一定要注意：元件封装焊盘序号应与原理图中三极管引脚极性相一致。

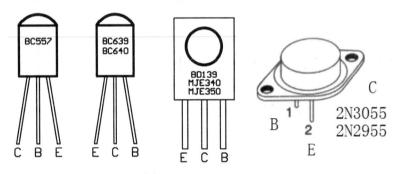

实训图 2　50 W 音频功率放大器所用三极管外形及引脚

实训 2　全对称耳放设计

  全对称耳放电路如实训图 3 所示。

  该全对称耳放电路是以场效应管作差分输入、三极管对称输出的音频功率放大电路，直流双电源 16 V 供电，其电源电路可以直接使用项目二中图 2-2 所给的三端可调稳压电源电路。在实训图 3 中，场效应管 2SJ74/2SK170、三极管 2SC1815/2SA1015 的外形相同，但是引脚极性不同，在绘制 PCB 时需要注意。运算放大器 TL071 属于单运放、DIP8 封装。在设计此耳放时，如果利用单面板布局布线，应注意电路的对称性，结合电路原理图的电路连接，能够更好地完成 PCB 设计。

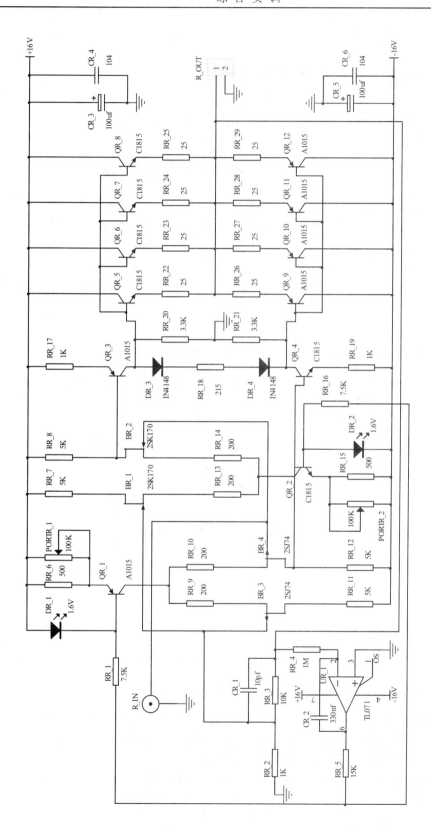

实训图 3 全对称耳放电路原理图

实训 3　Solo 耳放电路设计

Solo 耳放的电路原理图如实训图 4 和实训图 5 所示。

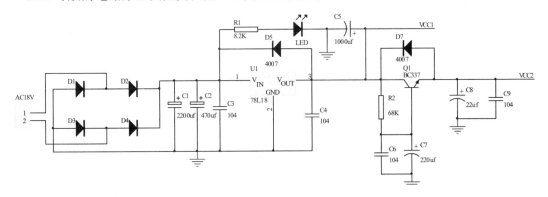

实训图 4　Solo 耳放的电源电路

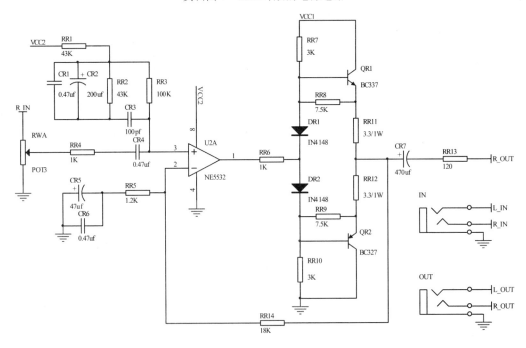

实训图 5　Solo 耳放的单声道电路和接口电路

　　Solo 是英国的一款高性能耳机放大器，在国内有很高的知名度。该耳放电路简单，但推力强大，可以适应阻抗 8～2000 Ω 的耳机，高频延伸性很好。这里给出 Solo 耳放的电源电路和单声道电路，读者在设计 Solo 耳放的 PCB 时，可以参考其进行原机 PCB 布局布线的设计，并学习地线的走线方法。

实训 4　出租车里程速度计电路设计

出租车里程速度计电路原理图如实训图 6 所示。

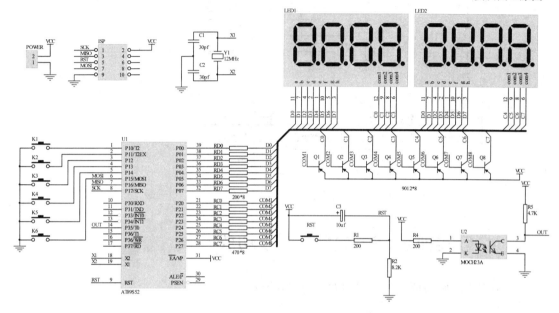

实训图 6　出租车里程速度计电路原理图

　　出租车里程速度计电路以 8051 单片机为核心控制器,利用光电监测器 MOCH23A 来测量电机转速,通过 2 个四位一体数码管显示里程、金额和行驶时间等信息。在设计 PCB 时需要注意:该电路中 U1(AT89S52) 的原理图符号中 40 脚(VCC)和 20 脚(GND)做隐藏处理。四位一体数码管的封装可以参考图 5-18 所给的尺寸参数绘制。

实训 5　TC9012 红外遥控发射电路

　　TC9012 红外遥控发射电路原理图如实训图 7 所示。

　　TC9012 是东芝公司生产的一款专用红外遥控发射集成电路,采用 CMOS 制造工艺,最大可扩展 32 个按键,且提供了 8 种用户编码,另外具有 3 种双重按键功能,按键对应的红外编码设置可以通过接口电路进行配置。封装方式可以采用 TSOP-20、SOP20 和 COB 类型,属于贴片元件。读者在设计此电路的 PCB 时,可以全部选择贴片元件,尝试单面贴装工艺的 PCB 设计过程。

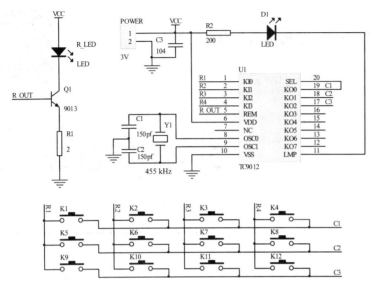

实训图 7　TC9012 红外遥控发射电路原理图

实训 6　STK4182 厚膜功放

STK4182 厚膜功放电路原理图如实训图 8 所示。

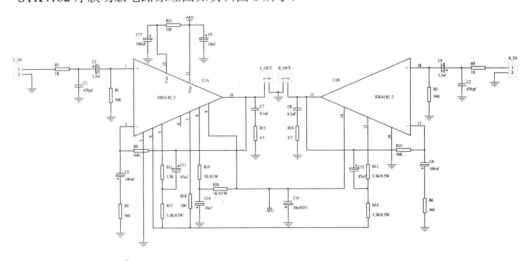

实训图 8　STK4182 厚膜功放电路原理图

　　STK4182 集成电路是由三洋公司生产的一款厚膜功放 IC，正常工作电压±33 V，最高工作电压±50 V，单声道输出功率最大可达 50 W，失真度(THD)小于 0.3%，价格低廉，制作简单，在 90 年代的音频功率放大器中经常被使用，而且音质不错。该厚膜功放的电源电路可以直接使用基本的整流滤波电路。在设计该功率放大器 PCB 时，需注意输入/输出端子的位置以方便接线；PCB 布线时应该注意信号线、地线的处理，

降低噪声干扰。STK4182 的尺寸参数可以在其数据手册中找到，这里不
再赘述。

实训 7 简易计算器

实训图 9 原图

简易计算器的电路原理图如实训图 9 所示。

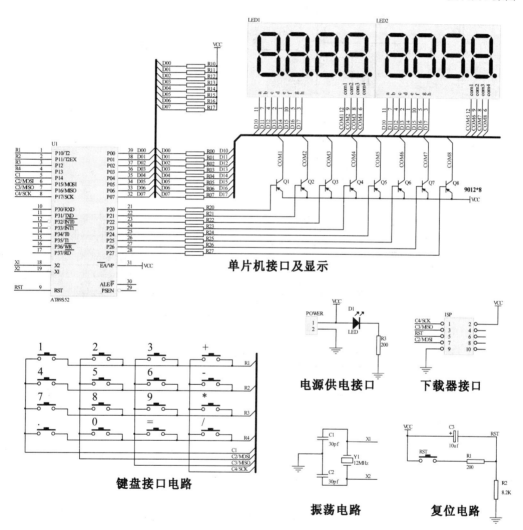

实训图 9 简易计算器电路原理图

实训图 9 简易计算器是以 51 单片机为核心，外部扩展 4×4 矩阵键
盘作为输入，利用 8 位数码管做显示输出。本电路的 PCB 设计中要考虑
单片机的接口分配，需要根据电路原理图所给内容来合理布局元件。读
者在练习时，可以尝试利用单面板来完成该电路的 PCB 设计，如果能够
顺利完成此任务，会对 PCB 的布局布线有更加深刻的认识。

实训 8　　LME49600 扩流耳放设计

LME49600 扩流耳放电路原理图如实训图 10 所示。

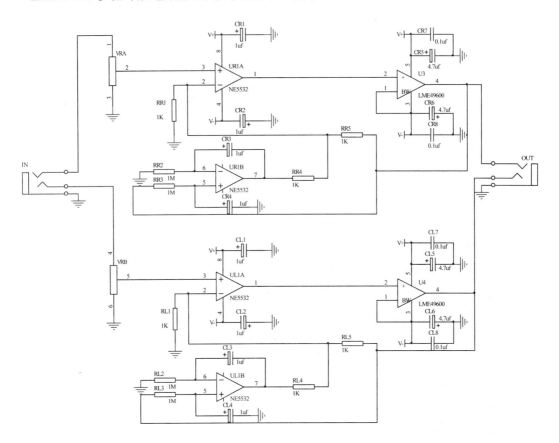

实训图 10　LME49600 扩流耳放电路原理图

　　LME49600 是一款高性能、高保真的音频缓冲器，输出电流能力可达 250 mA，但是失真度只有 0.000 03%，性能非常不错。实训图 10 给出的是一款 LME49600 扩流耳放的电路原理图，由于 LME49600 属于贴片元件，读者在设计 PCB 时，可以尝试利用单面贴装工艺来完成。实训图 10 所给的 LME49600 耳放电路的电源电路可以直接利用项目二图 2-2 所给的三端可调稳压电源电路。

附录 1　Protel 99SE 快捷操作

附表 1-1　原理图编辑器快捷操作

快捷键	功　能
P+P	快速放置元件
P+W	快速放置导线
P+N	快速放置网络标记
Space	选取对象 90°逆时针旋转
X	选取对象水平翻转
Y	选取对象垂直翻转
V+D	显示整张图纸
V+F	显示图纸上所有对象
T+P	快速进入图纸属性对话框
S+A	选中图纸中所有元件
D+N	创建网络表
T+E	ERC 校验
E+P	复制选中对象
PageUp	图纸放大
PageDown	图纸缩小
END	刷新当前屏幕
Home	以光标为中心刷新
Esc	取消当前操作
Delete	删除
Shift+Insert	粘贴
Ctrl+Insert	复制
Shift+Delete	剪切
Ctrl+Delete	删除
—	—

附表 1-2　PCB 编辑器快捷操作

快捷键	功　　能
+/-	PCB 电路板层切换
*	信号层切换
D+O	最小移动间距修改
E+C	复制选中对象
E+P	粘贴复制对象
V+3	PCB 图 3D 显示
Q	单位切换
G	锁定栅格尺寸大小设置
Shift+S	切换单层显示
S+A	选择全部
S+T	选择目标
S+I	区域内选择
S+O	区域外选择
S+N	选择某个网络
V+F	全屏显示所有对象
V+A	选择区域放大视图
J+A	查找坐标原点
D+O	PCB 编辑器属性设置
U+A	撤销所有布线
X+A	撤销选中
Ctrl+F	查找元件
PageUp	图纸放大
PageDown	图纸缩小
—	—

附录 2 扩展阅读

文字资料

热转印制 PCB 板
中的打印设置

参 考 文 献

[1]　及力. Protel 99SE 原理图与 PCB 设计教程[M]. 北京：电子工业出版社，2008.

[2]　毕秀梅，周南权. 电子线路板设计项目化教程(基于 Protel 99SE)[M]. 北京：化学工业出版社，2010.

[3]　陈强，等. 电子产品设计与制作[M]. 北京：电子工业出版社，2015.

[4]　张义和. Altium Designer 完全电路设计[M]. 北京：机械工业出版社，2007.

[5]　胡仁喜，等. Altium Designer10 电路设计标准实例教程[M]. 北京：机械工业出版社，2012.

[6]　张毅刚，等. 单片机原理及接口技术[M]. 北京：人民邮电出版社，2012.

[7]　潘海燕，等. 电子计数项目实训[M]. 北京：电子工业出版社，2015.

[8]　叶莎，等. 电子产品生产工艺与管理项目教程[M]. 北京：电子工业出版社，2015.

[9]　HiFi DIY 论坛：http://bbs.hifidiy.net/

[10]　EDA365 论坛：http://www.eda365.com/

[11]　电子元器件数据手册查询：http://www.alldatasheet.com/；http://www.21ic.com